사고실험

## 사고실험
복잡한 세상을 쪼개어 단순하게 이해하려는 시도

초판 1쇄 펴냄      2019년 10월 1일

지은이          조엘 레비
옮긴이          전현우
편집            장 원
책임편집        김미선
본문삽화        갈데까지간북디자인

펴낸곳          도서출판 이김
등록            2015년 12월 2일 (제25100-2015-000094)
주소            서울시 은평구 통일로 684 22-206 (녹번동)
ISBN           979-11-89680-09-1 (03400)

값 15,000원
잘못된 책은 구입한 곳에서 바꿔 드립니다.

이 도서의 국립중앙도서관 출판예정도서목록(CIP)은 서지정보유통지원시스템
홈페이지(http://seoji.nl.go.kr)와 국가자료종합목록시스템(http://www.nl.go.kr/
kolisnet)에서 이용하실 수 있습니다. (CIP제어번호 : CIP2019035536)

# 사고실험

**복잡한 세상을 쪼개어 단순하게 이해하려는 시도**

조엘 레비 | 전현우 옮김

이음

# 차례

일러두기

1. 각주는 모두 옮긴이 주입니다.

2. 용어는 한국물리학회의 2016년 수정용어집을 따랐습니다. http://www.
   kps.or.kr/1411

미셸, 아이작, 핀에게

# 들어가며

어떤 문제를 생각해 보는 가장 좋은 방법은 무엇일까? 자연이나 도덕, 형이상학에 대해 거대한 의문이 생길 때 어떤 방식으로 접근해야 할까? 어떻게 하면 창조적인 답변을 얻고 통념에 도전하며 편견과 선입견을 극복할 수 있을까? 여기한 가지 방법이 있다. 문제 자체를 활용해 1) 창조적이고 통찰력 있는 해결책을 제시하면서, 2) 애매한 것은 명료하게 밝히고 3) 뚜렷하지 않은 것은 좀더 쉽게 만들 수 있는 틀 안에 넣는 것이다. 이를 위해 실험이 존재한다. 오늘날 '실험'이라는 말은 현실 세계에서 실제로 수행되는—아마 대부분 과학과 관련되어 있을—실질적인 작업을 의미한다. 그러나 넓은 의미로 오로지 지성과 상상력만을 사용한 사고법도 실험에 포함할 수 있다. 아인슈타인은 이를 사고실험 Gedankenexperiment, thought experiment이라고 불렀다. 이 책에서는 이 용어를 역설과 비유를 아우르는 말로 사용할 텐데, 논리적으로 분명한 모순을 만들어 내고 이론이 무너지는 지점까지 밀어붙이는 논증과 가설을 묘사하고 검사하고 명확하게 하기 위한 시나리오—를 뜻한다.

사고실험이 지적인 오락이나 말장난처럼 보일 수도 있겠지만, 실은 아주 중요한 연구 방법이다. 미국의 철학자 윌러드 밴 오먼 콰인은 사고실험이 "역사 속에서 여러 차례⋯ 사유의 토대를 다시 만들어 내는 주된 요인이었다"라고 말했으며, 영국의 철학자 마크 세인즈버리는 "역사적으로 사고실험은 사유의 위기와 혁명적인 발전과 연관되어 있었다. 사고실험을 파악하는 일은 단순히 지적 유희에 참여하는 것 이상이다. 이는 다양한 문제의 핵심 쟁점을 이해하는 데 큰 도움이 된다"고 말했다.

사고실험은 모든 유형의 철학—자연철학, 도덕철학, 형이상학 모두—에 걸쳐서 무한과 상대성, 중력과 시간 여행, 자유의지와 결정론, 불확정성 원리 같은 개념의 탄생을 돕는 산파 역할을 해 왔다. 사고실험은 여러 이론과 근거 없는 가정을 뒤집어엎고, 수많은 도그마와 세계를 해석하는 체계를 무너뜨리는 데 도움이 되었다는 의미에서 파괴적이다. 또한 어떤 이론이나 논증이 왜 설득력 있는지를 보여 주었다는 점에서 예증의 역할을 했다. 전제에 기반해 결론을 입증하고, 가능세계possible worlds를 다루는 정신 모형을 구성하는 한편, 이론과 발견이 함축하는 것을 생생하게 드러냈다는 점에서 구성적이기도 하다.

사고실험은 일반적으로 아주 생생하고 구체적인 이미지를 제공하는 유형과 일상적인 상황(두 개의 건초 더미 사이에 서 있는 당나귀, 머리카락이 몇 가닥 남지 않은 남자)이나 기괴한 상황 (잠에서 일어나 보니 유명 바이올리니스트와 자신의 몸이 외과적으로 딱 붙어 버린 사람, 거북이와 달리기 경주를 벌이는 아킬레우스) 같은 장면을 묘사하는 유형으로 분류된다. 많은 경우 이런 실험들은 제정신이 아닌 듯 보이기도 하고 장난 같기도 하다. 아인슈타인은 자신의 사고실험을 통해 바로 이러한 결과를 노렸다. 그는 사고실험이 "재생산 혹은 조합될 수 있는…다소간 **분명한 이미지**를 사용하여…심리적 실체"로 구성되어 있다고 말했다. 그는 이처럼 이미지를 "조합하는 놀이"야말로 "생산적 사고가 지닌 본질적인 특징"이라고 말했다.

이 책에서는 이와 같이 이미지를 "조합하는 놀이"를 다룰 것이다. 움직이지 않지만 앞으로 나아가고 있는 화살, 같은 곳에 머물러 있지만 완전히 다른 것이 된 배와 같은 시나리오에서부터 악마나 좀비, 늪지인간, 색맹 과학자는 물론 미래를 예측할 수 있는 경찰관과 존재하지 않는 고양이에 이르는 다양한 이미지까지, 철학의 다양한 분야를 관통해 온 수많은 사고실험들을 확인하면서, 당신은 이 방법이 이토록 광범위한 영역에서 널리 사용된 이유가 무엇인지 알게 될 것이다.

사고실험보다 쉽게 할 수 있는 실험은 없어 보인다. 건전한 직관 말고는 필요한 것이 없어 보이기 때문이다. 적지 않은 장비를 다루는 한편, 때로 말을 듣지 않는 대상과 함께 해야 하는 전형적인 실험실 실험, 그리고 그 품질이 균질하지 않을지 모르는 대규모의 데이터를 활용해야만 하는 자연 실험과 비교해 보면 더욱 그렇다. 생각을 기록할 종이, 그리고 필기구만 있다면, 아마도 사고실험은 모든 질문을 다룰 수 있는 기본적인 틀이 될지도 모르겠다.

하지만 사고실험 역시 쉬운 작업은 아니다. 아무 생각이나 좋은 사고실험이 될 수 있는 것은 아니기 때문이다. 어떤 공상이 사람들의 주목을 받을 가치가 있는 내용과 형식을 갖추기 위해서는 이 공상이 어떤 학술적 맥락, 그리고 실질적인 실천의 맥락과 연결되어 있는지 꼼꼼히 살펴야 한다.

이럴 때, 역사는 큰 도움을 줄 것이다. 이 책이 소개하는 40가지(박스 글로 처리된 것까지 하면 좀 더 많다) 사고실험은 긴

세월 동안, 그리고 많은 사람들의 주목을 받아 왔다. 누구나 한 번쯤은 들어 보았을 자유 낙하하는 갈릴레이의 공, 튜링 테스트, 죄수의 딜레마는 물론, 이 책에 실린 모든 사고실험들은 저마다의 논쟁사를 품고 있는 하나의 작은 분과 학문과도 같다. 이 책이 하나의 지하철 노선이라면, 각각의 절들은 이런 풍성한 논의로 갈아탈 수 있는 환승역처럼 보인다. 나아가 인간이 할 수 있는 사고의 범위를 하나의 도시에 빗대어 이해할 수 있다면, 아마도 『사고실험』은 이 도시를 탐사하는 꽤 효과적인 방법이 될 것 같다.

이 책의 사고실험 가운데, 특히 심리 철학(2장)과 윤리학(3장)의 사고실험은 대부분 20세기 후반 들어 철학계에서 제시된 것이다. 20세기 후반 이후, 사고실험이 철학의 주요 방법이 되었다는 것을 보여주는 한 가지 사례일 것이다. 이런 방향이 무결하다고 할 수는 없다. 실험이 활용하는 주된 도구인 철학자들의 직관은 여러 방향에서 편향되어 있을 수 있기 때문이다. 자연 세계에 대한 사고실험에 인간의 직관이 알맞은 것인지는 그리 분명하지 않다. 윤리적 쟁점을 다루는 사고실험이라 하더라도, 철학계의 주류는 백인 고학력자들인 만큼 이들의 직관이 인류를 대표할 수 있는지는 그리 분명하지 않다. 게다가 철학계는 다양한 실천적 분야들과 거리를 유지한 채 논의를 진행하고 있으며, 실제로 실천적 분야들이 품고 있는 의문과 이들 사고실험이 얼마나 조응하는지는 그리 분명하지 않을 수 있다. 철학자들은 이제 안락의자에 앉아 사고하는 것으로 자신의 연구 방법을 제한

해서는 안 되며, 과학의 성과를 비롯해 세계에 대한 폭넓은 정보를 활용해야 한다는 콰인의 제안을 어떻게 사고실험 중심의 철학적 활동과 결합시켜야 하는지는 여전히 격론이 벌어지고 있는 문제다.

하지만 그럼에도, 사고실험은 강력한 도구다. 실험실 실험을 통한 그 어떤 조작보다도, 그리고 자연 실험을 통해 얻을 수 있는 어떠한 데이터보다도, 사고실험은 묻고자 하는 질문과 무관한 요소를 간단하고 완전하게 배제할 수 있는 방법이기 때문이다. 비록 (실험 제안자의) 부주의와 (주변 학자들의) 오독 덕분에 논의가 공전하는 경우가 많긴 하지만, 적어도 사고실험은 실험 일반이 추구하는 목표를, 다시 말해 단순히 주변 현상에 대한 관찰만으로는 해결하기 어려운 질문을 해결하는 데 가장 이상적인 조건을 만들어 내는 강력한 수단처럼 보인다.

40개의 사고실험들이 이런 이상화를 얼마나 성공적으로 수행했는지, 그리고 독자 여러분이 삶 속에서 품게 되었을 많은 의문들 역시 이처럼 이상화되어 풀 수 있는 형태로 정리될 수 있을지, 레비의 안내를 받으면서 이들 질문에 답하며 사유의 훈련을 할 수 있는 독서가 되었으면 역자로서는 더 이상 바랄 것이 없다.

전현우

물체가 어떻게 움직이는지
수학적으로 연구하는 것부터,
공간과 시간의 신비를 따져보는
것까지. 과학의 근본은 자연 세계를
해석하는 학문인 자연철학에 있다.
자연철학에서 사고실험은 창의성의
불씨이며, 실재의 본질에 대한 아주
깊은 통찰을 촉발한다는 점에서
강력하고도 핵심적인 도구임이
입증되었다.

# Part I

# 자연 세계

고대 자연철학자부터 현대 물리학자까지, 그들이 바라본 역설

# 제논의 역설: 아킬레우스와 거북이

(BC420)

> 거북이와 아킬레우스가 경주를 한다. 거북이가 앞에서 먼저 출발했다고 해 보자. 거북이가
> 출발한 지점에 아킬레우스가 도착하면 거북이는 이미 그 시간 동안 앞으로 이동할 것이다.
> 또 다시 아킬레우스가 달려서 도착한 지점 역시 이미 거북이가 떠난 곳일 것이다. 결국
> 아킬레우스는 결코 지금 이 순간에 거북이를 따라잡을 수 없다.

발 빠른 아킬레우스가 느릿느릿한 거북이를 결코 따라잡지
못할 것이라고 증명한 이 역설은 엘레아의 제논이 쌓은 많
은 업적 가운데 하나다. 제논의 일생이나 저술에 대해 확실
히 알 수는 없지만, 이 그리스 철학자는 남부 이탈리아에 위
치한 그리스의 식민 도시 엘레아에서 기원전 490년경 태어
났고 같은 곳에서 기원전 425년경 사망한 것으로 알려져 있
다. 제논은 '아킬레우스'라는 이름으로 알려져 있는 역설을
제시했다.

달리는 속도가 느린 선수와 빠른 선수가 경주를 한다고 해 보자. [느린
선수는 빠른 선수보다 결승선에 가까운 곳에서 출발했다.] 이 경주에
서 느린 편은 결코 빠른 편에게 따라잡히지 않는다. 반드시 따라잡는
쪽이 따라잡히는 쪽이 앞서 위치했던 지점에 우선 도달해야 하기 때문
이다. 느린 쪽은 결국 언제나 빠른 쪽과 어느 정도 거리를 두게 된다.

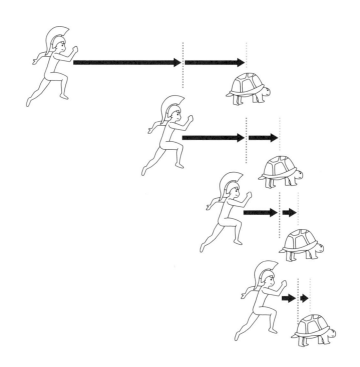

거북이는 언제나 한 발짝 앞선다

## 작은 발걸음

이 역설을 자세하게 들여다보려면 우선 아킬레우스와 거북이 사이의 대화를 떠올려 보아야 한다. 고대 그리스의 영웅 아킬레우스는 약삭빠른 거북이가 달리기 경주를 하자고 도전해 오자 코웃음을 친 다음 거북이가 10미터 앞에서 먼저 출발하는 데 동의했다. 이들의 달리기 속도는 아킬레우스 10 ㎧, 거북이 1㎧였으며, 때문에 아킬레우스는 자신이 1초면 거북이를 따라잡을 수 있을 것이라고 계산했다. 누군들 그렇게 계산하지 않겠는가?

"그렇지 않아." 거북이가 외쳤다. "내가 먼저 출발하는 한, 절대 지지 않을걸." 거북이는 그 이유를 이렇게 설명한다. 달리기를 시작하고 1초가 지난 뒤 아킬레우스는 거북이가 출발했던 지점, 즉 10미터 지점에 도착하게 될 것이다. 하지만 같은 시점에 거북이는 11미터 지점에 도달하게 된다. 0.1초가 지나면 아킬레우스는 11미터 지점에 도달하게 되지만, 이 시점 거북이는 0.1미터를 더 움직인 상태다. 0.01초면 아킬레우스는 이 거리를 주파할 수 있다. 하지만 이때 거북이는 0.01미터를 더 움직이게 될 것이다. 이런 과정은 무한히 계속될 것이다. 모든 시점에 걸쳐, 아킬레우스는 이미 거북이가 통과한 지점에 도달하게 될 것이며, 거북이는 무한히 더 앞으로 나아가게 될 것이다. 당황스럽지만, 우리의 위대한 전사는 상대 거북이에게 패배를 시인해야 했다.

## 존재와 변화

앞서 살펴본 역설은 제논의 역설 40가지 가운데 하나로 책에 서술되어 있다. 제논의 역설 가운데 일부만이 지금까지 전승되었는데, 이것들도 다른 사람들의 저술에 나온 인용을 통해서만 알려져 있다. 제논의 역설들은 아마도 제논의 스승이며 엘레아 학파의 설립자인 파르메니데스가 제안한 이론을 옹호하려는 의도에서 나온 것으로 보인다. 파르메니데스는 기원전 5세기 초기 고대 그리스 세계 철학계에서 주도적인 역할을 했던 인물이다. 파르메니데스는 일원론을 주장했는데, 이는 다시 말해 '모든 것은 하나'이며, 모든 실재는 단순하고, 균일하며, 불변하고, 영원한 존재라는 주장이다. 우주 속에서 볼 수 있는 변화와 다양성이라는 외관은 허상에 불과하며, 변화와 분열은 비-존재의 형식들이며 그 때문에 불가능한 것이다.

움직임은 곧 변화의 형식이기 때문에, 제논은 몇 가지 역설을 제시해 변화가 불가능하다는 점을 입증하려 했다. 아킬레우스와 거북이의 역설은 그 가운데 하나다. 사실, 제논의 본래 저술은 현재 남아 있지 않다. 그렇기 때문에 그의 역설을 어떤 방식으로 이해해야 하는지 확실하게 말하기란 불가능하다. 예를 들어, 이러한 역설들이 오직 파르메니데스 철학을 과도하게 단순화해서 해석하는 것에 대응하기 위한 현실적인 패러디라고 보기도 한다.

### 이분법과 화살

지금까지 전해지는 제논의 다른 두 가지 역설은 이분법의 역설과 화살의 역설이다. 화살의 역설은 다음과 같이 재구성할 수 있다. "자기 자신과 동등한 공간을 점유하고 있는 모든 것은 멈춰 있거나 움직이고 있다. 그런데 물체가 움직이는 것은 언제나 순간이며 그렇기 때문에 움직이는 화살은 그 순간 멈춰 있다." 매우 단순한 말이지만, 이러한 격언은 다음 진술과도 똑같다. 특정한 화살이 날아가면서 점유하는 매 공간을 측정해 보면, 이 화살이 그 자체만큼 공간을 점유하고 있다는 사실을 확인할 수 있다. 따라서 이 화살은 어떤 의미에서는 멈춰 있는 물체의 정의에도 만족한다. 달리 말하자면 진행 중인 화살을 구성하는 각각의 시간 조각에 대해, 그리고 어떠한 시간 조각에 대해서도 이 화살이 움직이거나 머물러 있다고 잘라 말할 수 있는 방법은 없다. 결국 움직임이라는 개념은 붕괴된다.

아킬레우스와 거북이의 역설과 밀접하게 연관되어 있는 이분법의 역설은 이런 식으로 말한다. "어떠한 움직임도 없다. 이는 움직이는 물체가 목적지에 도달하기에 앞서 우선 중간 지점에 도달해야만 하며, 이러한 과정이 무한하게 반복되기 때문이다." 이러한 운동의 역설을 묘사하는 방법은 당신이 방을 가로질러 갈 때 봉착하는 어려움을 보여 주는 것이다. 당신이 방의 반대편 끝에 도달하려면 우선 반드시 방의 중간 지점에 도착해야만 한다. 하지만 당신이 이 지점에 도달하려면 이 중간 지점과 출발점 사이의 중간 지점에 먼저 도달해야 하며, 또한 이러한 4분의1 지점에 도달하려면 당신은 반드시 방의 8분의1 지점에 도달해야만 할 것이고, 이러한 과정은 무한히 이어질 것이다. 이를 분수로 표현하면 다음과 같은 수열이 될 것이다. $\frac{1}{2} + \frac{1}{4} + \frac{1}{8} + \cdots$.

수학에서는 이런 종류의 수열을 무한수열이라 한다. 물

론 이 수열의 모든 항을 합하면 1이 된다. 이는 제논의 역설을 설명하는 한 가지 방법이다. 모든 분수를, 또는 아킬레우스가 거북이를 따라잡은 거리를, 또는 점점 더 작아지는 이 단계들을 합하면 유한수가 된다. 그렇기 때문에 아킬레우스가 10㎧의 속도로, 거북이는 1㎧의 속도로 달리는 달리기 경주에서, 우리의 영웅은 11.11미터보다 긴 거리를 달리는 어떠한 경주에서든, 1.11초 이상 걸리는 어떠한 경주에서든 승리하게 될 것이다. 수학에서 무한수열의 개발은 커다란 혁명을 일으켰으며 미적분학과 운동에 관한 학문으로 가는 문을 열었던 사건이었다.

## 극한의 한계

제논이 펼친 움직임의 역설을 논파하는 또 다른 방법은 이 역설의 기본 가정 가운데 하나인 시간과 공간을 무한히 분할하는 것이 가능하다는 가정, 다시 말해 시간과 공간을 점점 더 크기가 줄어드는 조각으로 쪼갤 수 있다는 가정을 논파하는 것이다. 물리학자들은 시간과 공간을 무한히 쪼갤 수 없다고 본다. 플랑크 상수Planck constant*로 알려진 양자는 측정 가능한 시간과 공간의 최소 단위다. 플랑크 시간은 대략

* 독일의 물리학자 막스 플랑크의 이름에서 따온 상수.

$10^{-43}$초이며, 플랑크 길이는 $1,6^{-35}$미터이다.

하지만 어떤 철학자들은 이러한 방식으로 제논에게 답하는 것이 적절하다기보다는 일종의 속임수에 더 가깝다고 본다. 이런 논증으로는 제논의 핵심 논지에 답변하지 못하기 때문이다. 20세기 영국의 철학자 버트런드 러셀은 제논의 시간관이 적절하게 평가 받지 못했다고 보았다. 러셀은 제논이 "후대 철학자들의 빈약한 판단—그저 기발한 재간꾼이라 한 표현—에 희생 당한 가장 눈에 띄는 인물 중 하나"라고 썼다. 러셀은 "이 역설은 2000년 동안 이어진 논박 속에서도" 살아남았고, "수학 르네상스의 기초가 만들어진" 다음에야 논박되었다고 지적한다.

1954년, 영국의 철학자 제임스 톰슨은 제논의 움직임의 역설을 현대적으로 뒤튼 사고실험을 제시했다. 톰슨은 스위치의 작동 시간 간격이 지속적으로 짧아지는 램프를 상상해 보자고 제안한다. 가정은 이렇다. 스위치가 시작 시점으로부터 1분 뒤에 작동하고, 그 다음에는 0.5분 간격으로, 또 그 다음에는 0.25분 간격으로, 또 0.125분 간격으로, 그렇게 지속적으로 무한히 짧아지는 간격으로 작동한다. 이렇게 되면 1분 뒤 시점에는 램프가 켜질 것이고, 1.5분 뒤에는 램프가 꺼질 것이며, 1.75분 뒤에는 램프가 켜질 것이고, 이러한 규칙에 따라 램프는 계속해서 켜지고 꺼질 것이다. 지속적으로 증가하는 시간 간격은 그 합이 2인 무한수열을 이루게 될 것이다. 여기서 톰슨은 답하기 매우 어려운 질문을 던진다. 시작으로부터 2분이 지난 시점에 도달하면, 램프는 켜져 있을까, 꺼져 있을까? 또한 시작 시점에 램프가 켜져 있는 것이 결과에 차이를 불러올까, 그렇지 않을까? 톰슨에게, 램프 스위치 작동은 그가 "대단한 도전"이라고 부른 과제, 다시 말해 목표를 전부 완수하려면 무한한 수의 과제를 수행해야 하는 과제 가운데 한 가지 사례였다. 그의 의도는 이러한 대단한 도전을 완수하는 것은 논리적으로 불가능하고, 따라서 이러한 과제는 타당한 개념이 아님을 밝히는 데 있었다.

# 갈릴레오의 공

(1628)

물체가 낙하하는 속력과 그 물체의 무게가 연관되어 있다는 아리스토텔레스주의의 도그마를 반증하기 위해 갈릴레오는 공 또는 돌을 사용하는 간단한 사고실험을 고안한다.

중세 유럽에서, 교육과 자연철학은 기독교 교회의 핵심 교설이 된 스콜라 철학이라는 이름의 단일 학파가 지배하고 있었다. 스콜라 철학의 핵심 교설은 순수하고 추상적인 추론이 지식과 진리로 가는 유일한 길이라고 말한다. 경험론적 입장, 다시 말해 현실 세계에 대한 관찰과 실험으로부터 배워야 한다는 입장은 부정되었다. 고대 그리스 철학자 아리스토텔레스의 저작들은 스콜라 철학의 토대였다.

### 무거운 물체

중세 유럽의 기독교 질서는 어느 정도 아리스토텔레스에게 의존하고 있었는데, 이는 그의 핵심 학설 가운데 하나가 최초의 원인prime mover이기 때문이었다. 아리스토텔레스는 이렇게 주장했다. "움직이고 있는 모든 것은 다른 어떤 것에 의해 움직여져야만 한다." 그렇기 때문에 모든 운동은 거슬러 올라가면 결국 그 최초의 원인이 나타난다. 교회는 이를 일종의 신 존재 증명으로 받아들였다. 아리스토텔레스는 자연의 다른 측면을 설명하기 위해 원소들의 "자연스러운" 성질이나 경향에도 의존했다. 16세기에도 여전히 많은 학자들이 아리스토텔레스 이론이 내놓은 설명을 받아들이고 있었다. "모든 것에는, 그것이 위치하고자 하는 자연스러운 장소가 있다. 무거운 물체는 아래로 내려가려고 하며, 불은 위로 솟아오르고, 강은 바다로 향한다."

여기서 아리스토텔레스는 무거운 물체는 가벼운 물체보다 더 빠르게 자연스러운 자리로 돌아가려고 하기 때문에 낙하가 일어난다는 설명을 추가로 제시한다. 다시 말해, 더 무거운 물체라면, 더 빠르게 추락할 것이다. 이런 추론은 겉보기에는 합리적인 듯하다. 만일 당신이 한 손에 무거운 물체를, 다른 손에 가벼운 물체를 쥐고 있다고 해 보자. 무거운 물건을 든 쪽의 팔이 더 강력한 힘을 받는다는 점을 쉽게 느낄 수 있을 것이다. 그렇다면 이 물체를 손에서 놓으면, 가벼운 물체보다 더 빠르게 떨어지지 않겠는가?

16세기와 17세기의 과학혁명Scientific Revolution*은 스콜라 철

---

* 과학혁명을 이끈 인물 가운데 가장 위대한 인물로 이탈리아의 자연철학자 갈릴레오 갈릴레이(Galieo Galilei, 1564-1642)가 있다.

학과 아리스토텔레스주의의 토대를 공격했으며, 특히 경험과 분리된 순수한 추론에 전적으로 의존하는 방법론을 논박하는 것과 깊이 결부되어 있었다. 그 때문에 아리스토텔레스주의를 논파한 가장 설득력 있는 한방이 실제로는 이러한 방법, 다시 말해 낙하하는 물체를 설명하는 아리스토텔레스의 주장이 가진 논리적 모순과 내적 불합리성을 전적으로 보여 주는 방법인 사고실험이었다는 점은 상당히 역설적일지도 모른다.

## 짧지만 결정적인 논증

갈릴레이의 업적은 아리스토텔레스주의의 많은 측면을 공격했다. 대표적으로 갈릴레오는 지구 중심적 우주론(지구가 우주의 중심이라는 입장)과 천상계는 고정돼 있고 변화하지 않는다는 입장을 공격했다. 하지만 그를 가장 유명하게 만든 업적은 바로 피사의 사탑에서 여러 물체들을 낙하시켜 이것들이 어떤 방식으로, 그리고 얼마만큼의 속력으로 낙하하는지 실험한 것이다(29쪽 아리스토텔레스에 반하는 실험들 부분을 보라). 그는 이러한 실험들을 1638년 출간한 자신의 주저 『새로운 두 과학Discorsi e Dimostrazioni Matematiche Intorno a Due Nuove Scienze』에서 언급했다. 또한 공과 관련한 자신의 사고실험에 대해서는 고전적인 방법으로 저술했는데, 아리스토텔레스주의라는 이전 학설을 옹호한다는 점이 이름에 노골적으로 드러나는 심플리치오와 새로운 학설의 일원으로서 그에게 답하는 살비아티[그리고 살비아티의 동료 사그레도] 사이의 대화 형식으로 집필했다.

살비아티: 하지만 추가 실험을 하지 않아도 간단한 논증만으로 명백하게 입증할 수 있네. …더 무거운 물체가 더 가벼운 물체보다 빠르게 떨어지지 않는다는 사실을 말이지.

심플리치오: …어떤 물체가 매질(어떤 파동 또는 물리적 작용을 한 곳에서 다른 곳으로 옮겨 주는 매개물) 속을 움직일 때, 그 속력은 자연 법칙에 따라 일정하게 정해진다는 것을 의심할 수는 없어.

살비아티: 그렇다면, 자연에 따라 정해진 속력이 다른 두 물체가 있다고 해 보세. [아리스토텔레스에 따르면] 이 둘을 서로 묶을 경우 느린 물체는 빠른 물체의 속력을 늦추고, 빠른 것은 느린 것의 속력을 증가시킨다고 하지. 여기에 동의하는가?

심플리치오: 그럼. 분명히 참이지.

살비아티: 하지만 방금 내가 한 말이 참이라고 해 보세. 그리고 큰 돌의 속력이 8이고, 작은 돌의 속력이 4라고 해 보자고. 그럼 이 둘을 묶으면 전체 속력은 8보다 느려지게 되겠지. 그 다음 그 둘을 합친다면 어떻게 되겠나? 속력 8로 움직이던 큰 돌보다 더 무거운 돌이 생긴 것

이 아니겠나? 그러니까 무거운 것이 가벼운 것보다 느리게 움직이는 군.…자네 말마따나 무거운 것이 가벼운 것보다 빨리 움직인다면, 무거운 것이 가벼운 것보다 더 느리게 움직인다는 결론이 나오겠지.

심플리치오: 참 이상하군. 자네의 설명은 무척 매끄럽고 정연해. 하지만 새총탄이 대포알과 같은 속력으로 떨어진다는 건 도저히 믿기 어렵네.*

## 동등성의 원리

살비아티의 설명은 두 가지 서로 모순된 결론, 즉 무거운 물체는 가벼운 물체보다 빠르게 낙하한다(H>L)는 결론이 아리스토텔레스로부터 나온다는 지적을 담고 있다. 무거운 돌(H)과 묶인 가벼운 돌(L)은 한편으로는 브레이크로 작동해(H>H+L) 전체 물체를 느리게 만들지만, 또 한편으로는 더 무거운 합성 물체를 만든다는 점에서 전체 물체의 낙하 속도를 상승시키기도 한다(H+L>H). 이러한 모순을 제거하는 유일한 방법은, 이들 물체가 모두 동일한 속도로 낙하한다고 가정하는 것이다. 즉, H=L=H+L. 이는 동등성의 원리 principle of equivalence라는 이름으로 널리 알려지게 된다. 이 원리

---

* 갈릴레오 갈릴레이, 『새로운 두 과학』, 이무현 옮김, 사이언스북스, 2016, 103~106쪽 참조.

는 이렇게 말한다. 모든 물체는 그 질량이나 구성과 무관하게 동일한 가속도로 낙하한다.

---

갈릴레오의 비서이자 친구인 빈첸초 비비아니의 증언에 따르면, 1590년경 갈릴레오는 피사의 사탑에서 서로 다른 질량의 구를 떨어뜨리는 실험을 수행했다. 이 말이 갈릴레오가 행한 이 실험이 최초의 낙하 실험이라는 뜻은 아니다. 1586년, 시몬 스테빈과 얀 데 구르트는 네덜란드에서 동일한 "반 아리스토텔레스주의 시험"을 수행했으며, 이들 역시 그들보다 앞선 시기에 이뤄진 많은 작업들로부터 영감을 받았다. 갈릴레오가 실제로 피사의 사탑에서 공을 떨어뜨렸다는 주장은 오랜 세월 의심 받아 왔다. 이 주장은 전통적으로 진위 여부가 의심스러운 신화로 취급되었다. 하지만 실험에 대한 보고가 상당히 자세하다는 점에서, 특히 비비아니가 보고한 가장 가벼운 구가 지면을 가장 먼저 때린다는 명백히 모순적인 발견은, 갈릴레오가 실제로 그와 같은 실험을 수행했다는 사실을 시사한다. 오늘날에는 갈릴레오의 이상한 발견을 설명하기 위해 서로 다른 무게를 가진 물체를 동시에 낙하시키는 실험을 수행할 때 고속 카메라를 활용하여 더 무거운 물체가 더 큰 공기 마찰의 영향을 받게 된다는 설명을 제시하게 되었다.

# 뉴턴의 대포

(1687)

충분한 포구초속(포탄이 포구를 떠나는 순간 속도)으로 발사된 포탄은 지구 표면의 곡률과 동일한 수준으로 낙하할 것이며, 결국 궤도를 그리며 지구 주변을 돌게 될 것이다.

아이작 뉴턴은 자신의 과학적 원리와 발견을 묘사하고 정식화하기 위해 많은 사고실험을 활용했다. 널리 퍼진 신화, 손에 쥔 사과가 땅으로 떨어지는 것을 보고 중력이라는 아이디어를 "번쩍"하고 얻었다는 신화는 뉴턴 자신이 언급했던 사고실험의 한 가지 유형을 보여 준다(뉴턴의 사과에 대해서는 34쪽을 보라). 1687년 출간된 그의 대작 『프린키피아 Philosophiæ Naturalis Principia Mathematica』는 뉴턴이 자신의 과학적 라이벌이었던 로버트 훅에게 1679년 제안했던 하나의 사고실험—"내가 제시했던 일종의 망상"—으로부터 부분적으로 영향을 받은 저술이었다. 이 사고실험의 내용은 이렇다. 지구 표면으로 떨어지는 물체가 있는데(이 물체는 지구의 회전에 의해 일어나는 가로 운동에도 관여하게 된다), 이 물체가 방해 받지 않은 채 지구 중심으로 낙하할 수 있다고 상상해 보자. 뉴턴이 당초 제안했던 것처럼, 이 물체는 나선형 경로를 따라 몇 차례 회전한 다음 지구 중심에 도달하게 될 것이다. 뉴턴의 강력한 지적 덕분에 훅은 자신의 오류를 바로잡게 되었다. 다시 말해, 낙하하는 물체는 타원 경로를 따라 "상승과 하강을 반복하며" 순환한다고 말하게 되었다.

## 천구 안 구체

뉴턴은 이미 궤도 등 수학에 의해 지배되는 체계에 대한 작업을 진행해 오고 있었다. 이런 작업은 자연철학에서 훅이나 당시까지의 다른 여러 사람들의 성과를 아득히 뛰어넘은 성취로 이어졌다. 최소한 1666년경에 뉴턴은 중력에 의한 자신의 천체 역학에 관한 사고와 직접적으로 연결된 사고실험을 사용하기 시작했다. 첫 번째 사고실험에서, 그는 끈에 묶인 돌을 회전시켜 보라고 말한다. 돌을 놓으면, 이 돌은 앞서 회전하던 호의 접선을 따라 날아갈 것이다. 이런 일은 돌에 작용하는 원심력(돌을 바깥으로 밀어내는, 바깥쪽으로 향하는 힘, 물러가는 힘, 또는 후진력이라고도 부른다) 때문에 벌어지는 것이다. 하지만 이 돌에는 끈을 통해 같은 크기의 정반대의 구심력 또는 견인력이 작용하기 때문에 이 돌의 움직임은 원형을 이루게 된다.

　이런 운동에 결부된 힘의 크기를 계산하기 위한 다음 단계로 뉴턴은 "천구 속에서 회전하고 있는 구체"를 상정한 다음 "천구의 표면을 구체가 미는" 힘과 천구의 크기는 역제곱 관계라고 계산했다. 이런 계산 결과는 뉴턴의 유명한 중력의 역제곱 법칙으로 이어졌다(이 법칙에 따르면, 두 물체 사이의 중력 끌림은 물체 사이의 거리의 역제곱에 따라 변화한다).

이후『프린키피아』를 저술하면서, 뉴턴은 중력의 세기를 통해 왜 달이 지구에 충돌하거나 우주 공간으로 날아가 버리지 않고 지구 궤도를 돌고 있는지 설명할 수 있었다. "만일 이러한 힘[중력]이 너무 작다면, 이 힘은 달이 직선운동을 하지 않고 회전운동을 하는 데 충분하지 않았을 것이다. 만일 이 힘이 너무 컸다면, 달은 아주 많이 회전하다가 궤도를 이탈하여 지구를 향해 돌진하고 말았을 것이다."

## 지면을 만나지 못한다

이 내용을 설명하면서 뉴턴은 '뉴턴의 대포'라는 이름으로 널리 알려진 사고실험을 도입한다. 이 실험은 뉴턴의 '천지를 진동시킨 한 발의 총성shot heard around the world'이라고도 알려져 있다. "납으로 만든 공이 하나 있다. 이 공은 화약의 힘으로 산 꼭대기에서…지면으로 결코 떨어지지 않은 채 하늘로 날아가게 만들기 위하여, 그리고 무한 운동을 하기 위하여 발사되었다." 수평 방향으로 발사된 포탄은 상승한 것과 정확히 동일한 시간 뒤에 발사된 것과 동일한 높이로 떨어질 것이다.* 발사 이후 포탄이 비행한 거리는 포구초속에 따라 결정될 것이다. 만일 대포가 충분한 높이에 위치하며 포탄이 충분한 속도로 진행한다면, 포탄은 지평선 너머에 떨어질 것이다. 또 만일 포탄이 충분히 빠르게 비행한다면 그 궤적은 지구의 곡률과 같은 수준으로 떨어질 것이다. 더글러스 애덤스의 『은하수를 여행하는 히치하이커를 위한 안내서』에서 말을 빌려오자면, 이런 포탄은 지구를 향해 떨어지지만 지면을 만나지는 못한다.

뉴턴의 묘사에서 보듯 상황이 지금 묘사된 대로 흘러간다면 포탄은 지구 궤도를 돌게 된다(공기저항이 없다고 가정하고). 이것이 바로 지금 달이 하고 있는 것인데, 달은 늘 지구를 향해 떨어지고 있지만, 어마어마한 속도로 지구 옆을 움직이고 있으므로 지면과 만나지는 못한다. 만약 포탄이 지구의 원형 궤도로 진입하려면 대략 $30,000km/h$ 수준의 속도에 도달해야 한다. 지구보다 중력이 작고 대기도 없는 달에서 $5.56mm$ 소총탄의 일종이며 포구초속이 $1200m/s$에 달하는 .220 스위프트Swift 탄을 사격하면 어떻게 될까? 발사된 총탄은 달을 한 바퀴 돌아 사수의 뒤통수에 명중할 것이다.

---

* 진공 탄도의 경우 그렇다.

## 뉴턴의 사과

아이작 뉴턴에 대한 가장 유명한 설화는 그가 자신의 머리 위로 떨어지는 사과를 보고 중력을 발견하게 되었다는 내용이다. 뉴턴 본인도 이 이야기가 알려지는 데 노력을 기울인 것으로 널리 알려져 있다. 뉴턴의 조카사위인 존 콘듀이트는 다른 버전의 이야기를 널리 퍼뜨렸다. "정원을 거닐면서 생각에 잠겨 있을 때, 뉴턴의 머릿속에서 중력의 힘(사과를 땅바닥에 떨어뜨린 그 힘)은 지구로부터 특정한 범위 내에 머물러 있지 않으며 오히려 통상적으로 생각하는 것보다 훨씬 먼 범위까지 영향을 미친다는 아이디어가 스쳐 지나갔다. 뉴턴은 스스로에게 [지구] 중력의 범위가 달만큼 먼 곳까지 미치지 않을 이유가 있을지에 대해 물어보게 되었다."

달리 말해, 중력에 대한 뉴턴의 사고가 사과의 낙하와 달의 궤도 사이의 유비(일종의 사고실험)를 통해 촉진되었다는 것이 이 이야기의 내용이다. 나무에 매달려 있는 사과는 지구 표면 위에서 둥글게 회전하는 나무의 가로 운동(횡운동)에 함께 참여하고 있는 것이다. 그렇다면 사과가 가지에서 떨어져 나왔을 때, 이 사과는 왜 회전하던 호의 접선을 따라 우주 공간으로 튕겨 날아가지 않는 것일까? 그 이유는, 지구 중심으로 향하는 중력 끌림 때문이다. 유비에 따라 보자면, 동일한 힘이 달이 접선을 따라 튕겨 나가지 않도록 붙잡고 있다. 그렇다면, 이처럼 대단히 다른 규모의 계에 대해서, 다시 말해서 지면 근처에 있는 작디작은 사과와 우주 공간을 사이에 두고 수십만 킬로미터 떨어져 있는 거대한 물체라는 두 계에 대체 어떻게 단일한 힘이 작용하는 것일까?

갈릴레오를 연구했던 뉴턴은 지면으로 낙하하는 사과가 가속도를 얻게 된다는 점을 알고 있었다. 또한 그는 앞서 소개했던 "천구 속의 구체" 사고실험을 통해 어떤 물체가 궤도를 유지할 때 필요한 힘의 크기를 계산할 수 있었다. 만일 뉴턴이 '달이 지금 궤도에 머물러 있는 데 필요한 힘과 지구 표면에서의 중력'을 비교할 수 있었다고 해 보자. 뉴턴이 자신의 식에 지구와 달의 거리와 지구의 중력을 대입했을 때 그 계산 결과가 뉴턴의 역제곱 법칙에 딱 들어맞았을까? 실제로 시도했을 때 뉴턴의 첫 번째 계산은 만족스럽지 않은 답으로 이어졌다. 이는 그가 큰 오차가 있는 값을 지구와 달 사이의 거리 값으로 사용했기 때문이다. 하지만 몇 년 뒤 좀 더 정확한 값을 사용하자, 이들 계산이 만족스러운 답으로 이어진다는 사실이 확인되었다.

# 덤불숲의 시계

(1802)

> 만일 당신이 우연히 들판에서 시계 같은 복잡한 기기를 하나 찾았다고 해 보자. 당신은 이 시계가 무작위의 과정을 거쳐 임의로 만들어졌다고 생각하지는 않을 것이며, 그보다는 시계공이 세심하게 설계해서 만든 것이라고 생각할 것이다. 유기체의 복잡한 형태도 마찬가지로 그와 같은 구조를 설계해서 만든 지적 창조자가 있다는 증거일 것이다.

"덤불숲의 시계"논증으로 알려진 이 유비는 윌리엄 페일리의 저술에서 유래한다. 이 유비는 설계에 의한 논증이라는 의미에서 목적론teleology적 신 존재 증명의 기반이다('목적론'은 목적이라는 뜻의 그리스어 단어 텔로스에서 유래한 것이다). 윌리엄 페일리는 18세기에 살았던 목사로, 유기체의 세밀하고 복잡한 본성에 많은 관심을 가지고 있었다. 특히 그는 현미경의 발명 등의 과학적·기술적 진보를 통해 드러난 많은 사실들에 기반하여, 시계 같은 복잡한 기기와 유기체 사이에 유비가 성립한다고 생각하게 되었다. 1802년 간행된 자신의 책『자연 신학Natural Theology』에서, 그는 다음 두 상황을 대조해 보자고 제안한다. 한 가지 시나리오는 "덤불숲을 가로질러 가다가" "태곳적부터 지금까지 그 자리에 있었을" 것이라고 보아도 좋을 돌멩이 하나를 발견한 상황이다. 또 다른 상황은,

바닥에서 시계를 하나 찾았고, 이 물건이 왜 그곳에 있는지 탐구한다고 해 보자. 나는…이 시계가 어떤 경우에든 그곳에 있을 것이라고 생각하지는 않을 것이다.

## 진정한 원인

페일리는 이렇게 주장한다. 이 시계를 조상 시계에게서 나온 자손 시계라고 본다고 하더라도, "감각 능력도 없고 움직일 수도 없는 [부모] 시계를 우리가 경외하는 메커니즘의 진정한 원인이라고 볼 수는 없을 것이다." 달리 말해, 시계 설계의 '진정한 원인'은 시계 제작자여야만 한다. "시계 설계 속에서 볼 수 있는 모든 것은, 자연의 작품 속에서도 확인할 수 있다." 따라서 자연 역시 설계자의 작품이다.

페일리는 다윈이 자연선택에 의한 진화 메커니즘을 세밀하게 기술한 시점보다 수십 년 앞서 저술 활동을 벌였지만, 지금도 번창하고 있는 페일리식 논증의 옹호자들에게 다윈주의는 큰 영향을 끼치지 못했다. 페일리식 논증의 현대 버전은 "지적 설계Intelligent Design" 운동이라고 불린다. 이들에 따르면 인간의 눈이나 조류의 날개는 환원할 수 없을 만큼 복잡하다. 다시 말해, 이들 기관의 기능은 진화가 상정하는 중간 단계인 "프로토타입"으로는 수행할 수 없으며, 부분과 체계가 갖춰져 있을 때에만 그렇게 할 수 있다. 지적 설계 운동은 그와 같은 여러 구조들이 지적 설계의 증거이며, 일종의 설계자를 함축한다고 주장한다.

## 나쁜 설계

페일리의 유비 추론은 근거가 부족한 가정을 기반으로 하는 오류를 범하고 있으며, 따라서 다양한 방식으로 실패한다. 이 추론의 핵심 가정은 자연이 시계와 유사하다는 것이다. 시계는 설계를 거쳐 생성된 것이다. 하지만 우주가 정말로 설계된 것처럼 보이는가? 자연에서 확인할 수 있는 나쁜 설계 사례들은 어떻게 보아야 할까? 한 가지 사례를 들면, 많은 성인의 턱은 32개의 치아가 자리잡기에는 너무 좁아서 사랑니는 제거해야만 한다. 환원할 수 없는 복잡성 역시 하찮은 것으로 환원할 수 있다. 예를 들어 조류의 날개의 경우, 지적 설계 운동이 존재할 수 없다고 주장했던 종류의 중간 단계를 생생하게 보여 주는 화석 증거들이 있다. 사실 자연선택에 의한 진화는 이러한 복잡성이 설계 없이도 어떻게 생겨날 수 있는지를 정확히 설명할 수 있으며, 이러한 선택 과정이 왜 임의적인 과정과는 거리가 먼지에 대해서도 설명할 수 있다.

　설계에 의한 논증은 극복하기 어려운 또 다른 장벽과 마주하게 된다. 변신론자들이 물리적 악의 문제라고 부른 문제, 다시 말해 무고한 사람들이 자연재해나 질병과 같은 해악을 입는 문제가 바로 그것이다. 동물 세계에도 마찬가지 문제가 적용될 수 있다. 존 스튜어트 밀의 말을 잠시 들어보자. "만일 창조를 통해 만들어진 모든 설계에 어떤 표지가 붙어 있다면, 이 설계 속에서 가장 명백한 것은 모든 동물이 아주 많은 부분 다른 동물을 괴롭히고 먹어 치우는 데 자신의 대부분을 쏟아붓고 있다는 사실이다." 설계된 우주가 물리적인 악과 부합하려면 설계자 또한 사악하다고 가정하거나, 설계의 의도를 우리가 알아내거나 이해할 수 없다는 점을 인정해야 할 것이다. 어떤 식이든 지적 설계 논증은 자신을 논박하고 말 것이다.

### 희소성 논증

설계 논증이 상당한 호소력을 가지는 이유 가운데 하나는 우리가 지구 속 생명이 찬란한 우연처럼 보인다는 점을 알고 있기 때문이다. 자연사의 여러 조건과 사건들은 지적 생명의 진화를 가능하게 하는 방식으로 진행해 왔고, 이에 따라 지구에서 있었던 일이 독특한 일이 아니었다는 증거는 없는 상태다. 우리 우주 자체 역시 '골디락스 우주Goldilocks Universe'라는 이름으로 기술되는 경우가 많으며, 이는 여러 기본 물리 상수들이 지금의 값이 아니었다면 우리가 알고 있는 물질은 결코 발생하지 않았을 것이기 때문이다. 목적론의 옹호자들은 지적 생명의 진화는 기묘한 일이며, 우연한 확률의 결과라고 보기는 어렵다고 주장한다.

"희소성 논증"이라고 불리는 이런 주장에는 또 다른 오류가 숨어 있다. 존 앨런 파울로스는 저서 『숫자에 약한 사람들을 위한 우아한 생존 매뉴얼Innumeracy: Mathematical illiteracy and its consequences』에서 이렇게 지적한다. 브리지 카드게임에서 각각의 참여자가 손에 쥘 수 있는 패는 대략 6천억 가지 가운데 하나이다. "어떤 사람이 어떤 패를 받아서 면밀하게 검사한 뒤, 그 패를 받을 확률이 6천억분의1보다 작다는 것을 계산해 내고서 그 패를 받을 가능성이 거의 없기 때문에 그 패를 받았을 리도 없다고 결론을 내린다면 황당하기 짝이 없을 것이다."

# 라플라스의 악마

(1814)

> 만일 우리가 사는 우주의 미래 상태가 과거와 현재 상태에 의해 결정된다면, 충분한 정보가
> 주어진다면 우리는 우주의 전체 역사를 물리 법칙을 사용해 규정할 수 있다.

프랑스의 천문학자이자 수학자 피에르시몽 라플라스가 만들어 낸 라플라스의 악마라는 상상 속 존재는 결정론이라는 철학적 입장(또는 믿음)의 논리적 결과라고 볼 수 있다. 결정론의 주장은 다음과 같다. 미래 상태는 과거의 상태에 따라 결정되기 때문에, 원인에 의한 결과는 예측 가능한 범위 내에서 결정된다. 때문에 연관성이 크든지 작든지 미래는 이미 결정되어 있는 것이다.

### 예언자

이러한 논증의 계보는 적어도 서양 고전기까지 거슬러 올라가야 한다. 고대 로마의 철학자 키케로는 스토아 학파 학자들과 결정론의 한 형태를 놓고 벌인 논쟁에 관한 논고를 남

겼다. 『예언에 대하여On Divination』에 나온 기록에 따르면, 스토아 학파는 이렇게 믿었다. "모든 원인의 상호 연계를 관찰할 수 있지만 그것을 실제로 회피할 수는 없는 필멸자가 있다고 해 보자. 그는 여러 사물들의 원인을 파악하고 있으며, 따라서 이들 사물이 어떻게 될 것인지도 필연적으로 알고 있을 것이다." 키케로가 말하는 '필멸자'는 곧 라플라스의 악마의 직계 조상이라고 할 수 있을 것이다.

물리적 결정론, 다시 말해 자연법칙이 규칙적이고, 결정되어 있으며, 예측 가능하다고 보는 믿음은 과학혁명기 동안 시계 장치 우주 이론clockwork universe theory의 발전을 통해 커다란 도약을 이룩했다. 1605년, 독일의 천문학자이자 수학자 요하네스 케플러는 "천구의 기계 장치는…마치 시계와도 같다"고 썼다. 만일 우리의 우주가 정말로 시계처럼 작동한다면, 시계바늘의 움직임이 시계 장치 내부에 있는 톱니바퀴 사이의 맞물림과 톱니바퀴의 회전에 의해 정확하고 예측 가능하게 결정되는 것과 마찬가지로, 자연 현상 역시 물리학의 법칙에 의해 결정될 것이다. 라이프니츠가 썼듯 "모든 과정은 수학적으로 진행되므로" "어떤 사물의 내부를 충분히 들여다볼 수 있는 사람이 있다면, 그리고 그가 그 주변 상황과 내부의 요소를 모두 고려할 수 있을 만큼 충분한 기억력과 지성을 갖춘 사람이라면, 그는 일종의 예언자가 될 것이며 미래를 마치 거울 속에 있는 것처럼 들여다볼 수 있을 것이다."

뉴턴은 물질에 대한 원자론적 관점을 진보시키는 데 기여했다. 뉴턴에 따르면, 우주는 원자 차원으로 보면 일종의 "당구공"으로 이뤄져 있다. 이 모형은 원자 단위의 충돌, 그리고 힘과 벡터에 의해 결정되는 움직임을 통해 역학적 현상을 설명한다. 충돌이 발생하기에 앞서 입자의 힘과 벡터를 알고 있다면, 충돌 이후의 힘과 벡터에 대해서도 계산할 수 있다. 18세기 세르비아의 과학자 로저 조세프 보그코비치는 라이프니츠가 말한 "예언자"와 유사한 실체에 대해 상상했다. 비록 이 실체는 "인간 지성의 모든 능력을 능가하는" 복잡한 계산과 연관되어 있지만, 적어도 [이 실체가 다룰] "문제는 결정되어 있다. 그리고 필요한 능력을 갖춘 마음은 [과거와 현재에] 필연적으로 뒤따라오게 될 움직임과 상태를 예견할 것이며, 여기서 필연적으로 도출될 모든 현상을 예측할 수 있을 것이다."

때문에, 라플라스의 악마는 라플라스가 『확률에 대한 철학적 시론Essai philosophique sur les probabilités』에서 다음과 같은 논의를 벌이기에 앞서 예견되어 있었다.

우리는 우리 우주의 현 상태가 그 이전 상태의 결과이며, 앞으로 있을 상태의 원인이라고 생각해야 한다. 우리 우주 속에서 움직임을 일으키는 모든 힘, 그리고 우주를 구성하는 모든 존재자들의 상태를 한순간에, 그리고 매 순간 파악할 수 있는 지적인 존재가 있다고 가정해 보자.

게다가 그가 지닌 지적인 능력이 이렇게 수집한 데이터를 충분히 분석할 수 있을 정도라고 하자. 그렇다면 그는 우주에서 가장 큰 것의 운동과 가장 가벼운 원자의 운동을 단 하나의 식으로 나타낼 수 있을 것이다. 불확실한 것은 아무것도 없을 것이며, 과거와 마찬가지로 미래 역시 그의 눈앞에 나타날 것이다.[*]

라플라스는 단순히 "지성"에 대해서만 말했지만, 그가 상상했던 존재는 제임스 클러크 맥스웰의 사고실험, 다시 말해 맥스웰의 악마라는 이름을 가진 장치를 사용하는 사고실험(54쪽 참조)을 통해 라플라스의 악마라는 이름으로 널리 알려지게 된다. 만일 라플라스가 옳다면, 이 사실은 사람들이 품고 있는 수많은 믿음에 엄청난 영향을 끼치게 될 것이다. 예를 들어 우리 우주에서 미래에 일어날 모든 사건이 결정되어 있다면, 인간은 대체 어떻게 자유 의지를 가질 수 있는가? 또한 신의 선택이 역사에서 미리 정해진 것에 의해 제한되어 있다면, 대체 어떤 의미에서 신이 전능하다고 말할 수 있는가? 신의 전능성을 믿는 사람들에게 이는 매우 중요한 질문이다.

---

[*] 피에르시몽 라플라스, 『확률에 대한 철학적 시론』, 조재근 옮김, 지식을만드는지식, 2012. 28쪽 참조.

오늘날, 몇 가지 이유에서 라플라스의 악마는 불가능하다는 점이 밝혀졌다. 먼저, 비록 그 원리가 적절하다고 받아들일 만하더라도, 이 악마는 우리 우주를 이루는 모든 입자들의 위치와 움직임을 알고 있어야만 한다. 앞선 시점에 이들 과정에 대해 검토해 본 상태라고 하더라도 그렇다. 그 정보를 어디에 저장할 것인가? 정보는 저장할 공간을 필요로 할 것이며, 각 저장공간의 정보를 저장할 새로운 공간을 필요로 할 것이며 이 과정은 무한히 이어질 것이다. 이들 정보를 사용하는 계산 그 자체 역시 결코 정확한 결과로 이어질 수 없다. 이는 복잡계를 지배하는 '카오스' 효과 때문이다. '카오스' 또는 '카오스 이론'이란 '동역학적 불안정성'이라고 불리는 현상을 다루는 이론으로, 라플라스의 악마와 같은 행위자가 의존하는 측정의 정확도가 높아지더라도 [동역학적 체계에 대한] 결정의 정확도는 상승하지 않음을 뜻한다. 일상적으로 보면, 어떤 사건이 전제로 하는 조건을 더 세밀하게 파악할수록 그 사건의 귀결이나 결과에 대한 예측은 향상될 것이다. 하지만 카오스 이론은 이런 직관이 복잡한 동역학적 체계에서는 참이 아니라는 점을 보여 준다. "과거"를 얼마나 정확하게 측정했는지와 무관하게, 당신이 "이후"에 할 수 있는 예측의 정확도는 증가하지 않는다. 때문에 카오스 이론은 라플라스식 결정론을 지지하는 수학적 기반을 파괴하는 결과를 가져왔다.

원리상, 라플라스의 악마는 정보가 보존될 수 있을 경우에만 타당한 사고실험이다. 라플라스와 동시대의 수리물리학자들은 물질과 에너지를 지배하는 것과 같은 보존 법칙에 따라 정보가 보존된다고 생각했으며, 이에 따라 과거, 현재, 미래 모두에 걸쳐 정보의 양은 동일할 것이라고 생각했다.

　　윌리엄 톰슨의 열역학 제2법칙은 이러한 착상을 무너뜨렸다. 엔트로피가 증가함에 따라 정보 역시 사라진다. 또한 우리 우주가 팽창하고 있다는 특성은 과거의 정보, 특히 어떠한 정보도 존재하지 않는 우리 우주의 초기 시점이 우리 우주의 현재를 결정할 수 없다는 함축을 가진다. 마지막으로 양자역학의 발견, 특히 하이젠베르크의 불확정성 원리는 우주 그 자체가 근본적으로 미결정 상태에 있다는 점을 보여 준다. 미래 상태는 절대적으로 결정되는 것이 아니라 확률적으로 결정된다. 닐스 보어의 말을 빌리면, "예측은 매우 어려운 일이다. 특히 미래를 예측하는 일은 더욱 그렇다."

체코의 컴퓨터 과학자 요세프 루카비츠카는 라플라스의 악마를 논박할 수 있는 간단한 사고실험을 제안했다. 자신의 "충분히 강력한 지성"을 활용하여 당신이 오늘 저녁에 텔레비전을 볼 것이라고 예측한 악마가 있다고 생각해 보자. 이러한 예측을 알게 된 당신은 일부러 라디오를 듣게 되었다. 악마는 "따라서 틀렸다. 악마가 말한 것과 아무런 상관없이, 당신은 자유롭게 다른 선택지를 선택할 수 있다. 이 사고실험은 라플라스의 악마란 존재할 수 없다는 점을 함축하고 있다."

# 다윈의 상상 속 묘사

(1859)

발이 빠른 사슴 무리만 사냥할 수 있는 늑대 한 무리가 있다고 해 보자. 가장 빠르고 꾀가 많은 늑대가 먹이를 사냥할 가능성이 가장 높을 것이고, 살아남아 새끼를 볼 가능성도 높을 것이다. 그렇게 해서 빠르고 꾀가 많은 모습을 불러오는 특질은 다음 세대에게 좀 더 널리 퍼질 것이다.

찰스 다윈은 1859년 자연선택에 대한 자신의 이론과 증거를 집대성한 대작 『종의 기원The Origin of Species』을 출간했다. 다윈은 『종의 기원』을 출간하기에 앞서 오랜 기간 자신의 이론을 발전시켜 왔는데, 이 작업을 시작한 결정적인 계기는 1830년대 초반에 영국 해군 선박 비글호HMS Beagle를 얻어 타고 벌였던 세계 일주와 1838년 9월 맬서스의 『인구론An Essay on the Principle of Population』을 읽은 경험 때문이었다. 다윈은 자신의 이론이 지닌 논쟁적이면서도 잠재적으로 혁명적일 수도 있는 본성을 알고 있었기 때문에 저술의 출간을 서두르지 않은 채 이론을 신중하게 발전시키고 증거를 축적하는 한편 논증을 엄격하게 다듬는 작업을 계속했다. 그는 자신의 이론과 증거들이 모든 방면에서 공격받을 수 있다는 점을 알았고, 때문에 자신의 체계가 가장 완벽한 모습으로 발전될 때까지 논의를 계속해서 정비하길 원했다.

1858년 6월, 다윈은 당시 말레이 제도 현장에서 연구하고 있던 유능하고 젊은 박물학자 앨프리드 러셀 월리스가 쓴 논문 한 편을 손에 쥐게 된다. 이 글은 다윈의 자연선택 이론과 매우 유사한 내용을 담고 있었다. 다윈에게 우선순위가 있음을 명확히 하기 원했던 다윈의 친구들은, 월리스의 논문에 다윈의 진행 중인 작업을 소개하여 출간되도록 조정했다. 상황이 이렇게 되자 다윈은 다음 해에 『종의 기원』을 출간하게 된다. 오랜 기간 동안 준비 과정을 거친 덕분에 이 책의 논증은 조심스럽게 설계되어 있었고, 이론에 대한 설명 역시 신중했으며, 이런 내용들이 강력한 유비와 방대한 증거를 통해 지지되었다. 이 책의 권위는 흔들리기 어려운 것이 되었다.

### 늑대 사례

『종의 기원』 제4장에서, 다윈은 자연선택 메커니즘이 어떻게 작동하는지 촘촘하게 설명한다. 이를 위해 다윈은 두 가지 강력한 사변적 사례 또는 사고실험을 사용한다. 그는 이를 "가상적인 설명"이라고 부른다. 이 가운데 첫 번째 좀 더 접근성이 좋은 사례는 "다양한 동물을 사냥하며 어떤 경우에는 협동으로, 또 어떤 경우에는 힘으로, 또 다른 경우에는 빠른 발로 사냥감을 확보하는 늑대의 사례"다. 다윈은 "예를 들어 사슴과 같은 매우 민첩한 사냥감"이 늑대 개체군의 주요 사냥감인 상황을 상정한다.

이런 상황에서 가장 빠르고 꾀가 많은 늑대의 생존 확률이 가장 높고, 따라서 보존 또는 선택될 것이라는 사실을 의심할 어떠한 이유도 없을 것이다.…이제, 각각의 늑대에게서 유리한 습관이나 구조에 약간의 선천적인 변화가 일어났다고 해 보자. 이는 생존 확률과 후손 출생의 확률을 높일 것이다. 아마도 이들 늑대의 2세에게는 동일한 습성 또는 신체 구조가 유전될 것이며, 이러한 과정의 반복을 통해 기존의 늑대를 대체하거나 그와 공존하는 새로운 변종이 나타날 것이다.*

달리 말해, 자연선택은 새로운 늑대 변종이 형성되도록 유도할 것이며, 결국 이들 변종은 새로운 생물종으로 이어질 것이다. 다윈의 두 번째 상상 속 묘사는 "꽃과 벌은 어떻게 동시에 또는 한쪽이 다른 한쪽에게 이어져서 서로에게 가장 완벽한 방식으로 천천히 수정되고 적응하는가"이다.

---

* 찰스 다윈, 『종의 기원』, 김관선 옮김, 한길사, 2014. 127~128쪽 참조.

이러한 상상 속 묘사를 자연선택 이론의 증거로 내세우지 않았다는 점에서 다윈은 신중했다. 『종의 기원』에서 그는 매우 질서정연한 방식으로 논의를 전개한다. 4장에서 다윈의 의도는 자연선택이 종의 분화와 적응에 대해 그럴듯한 메커니즘을 제시할 수 있다는 점을 입증하는 데 있었다. 여기서 그는 영향력이 매우 컸던 천문학자이자 과학철학자 존 허셜이 1830년 간행한 저술 『자연철학 연구에 대한 예비적 대화A Preliminary Discourse on the Study of Natural Philosophy』에서 제시된 방법을 따랐다. 허셜은 과학 이론은 반드시 참된 원인vera causa 위에 세워져야 한다는 표준을 제시했다. 이는 과학 이론이 어떤 현상에 개입하여 설명을 할 수 있는 적절한 힘을 가진다는 점을 보여 주려면 통과해야만 하는 하나의 단계다. 묘사를 통해 이러한 과업을 달성하기 위해, 다윈은 자신의 이론이 단순히 설득력이 있을 뿐만 아니라 옳다는 점을 입증하는 증거를 제시하는 것으로 방향을 전환했다. "자연선택이 실제로 자연 속에서 작동하는지 여부는 이어지는 여러 장에서 제시될 일반적인 방침 그리고 증거의 무게를 통해 판정될 것이다."

실제로 다윈은 자신이 제시한 늑대 사례에 적용할 수 있는 증거를 제시하려고 했으며, 이를 위해 그레이하운드를 가지고 어떻게 빠른 발이라는 형질이 유전될 수 있는지를, 집고양이가 어떻게 특정한 동물을 사냥하는지를 관찰했다.

달리 말해, 그는 자신의 "상상 속" 사례가 가진 다양한 측면이 실재한다는 점을 보여 주는 구체적인 증거를 제시했다. 뉴욕 주 캐츠킬 산에 사는 늑대의 두 변종은 다윈의 사례가 현실의 생명체로 온전하게 실현된 것처럼 보이기도 한다.

●●●                                                              세 개의 성

다른 과학 분야에 비해(특히 물리학에 비해) 생물학에서는 사고실험이 드물다. 하지만 몇 가지 예외가 있게 마련이다. 1930년 간행된 『자연선택의 유전학적 이론(The Genetical Theory of Natural Selection)』이라는 저술에서 로널드 피셔는 이렇게 제안한다. "유성생식에 관심을 가지고 있는 현장 생물학자 가운데 누구도, 세 개 또는 그 이상의 성(性)으로 이뤄진 개체군이 어떤 귀결을 겪게 될 것인지에 대해서는 세밀한 연구를 내놓은 바 없다. 하지만 왜 성이 늘 두 가지인지를 이해하고자 하는 생물학자라면 충분히 그와 같은 작업을 할 만하다."

## 다윈의 악마

진화생물학은 라플라스의 악마(41쪽)나 맥스웰의 악마(54쪽)와는 또 다른 성격을 가진 자신만의 악마를 내세울 수 있을 것처럼 보인다. 1979년 리처드 로는 다윈의 악마라는 아이디어를 도입했다. 오늘날 생물학의 법칙에 따르면, 생물 개

체들이 장수하면서 동시에 많은 후손을 남길 수는 없을 것처럼 보인다. 다시 말해, 후손의 수와 개체의 수명 사이에는 언제나 교환 관계가 성립되는 듯하다. 하지만 다윈의 악마가 제안하는 법칙에 따르면, "적합도의 모든 측면은 동시에 최적화될 수 있다." 여기서 "측면"이란, 해당 생물종에 속하는 개체군의 생존율을 증대시키는 경향을 가진 변수인 번식률, 그리고 수명과 같은 변수를 지시한다. 마이클 본살은 이를 "신속하게 성장하고, 빠르게 번식하며, 모든 경쟁자를 압도하고, 결코 나이도 먹지 않는…신화적 존재"라고 불렀다. 이런 개체들로 이뤄진 종은 자신의 생태적 지위를 신속하게 지배하게 될 것이다. 그렇다면 이렇게 질문할 수 있을 것이다. 왜 진화는 이러한 악마를 만들어 내지 않았을까? 맥스웰의 악마와 마찬가지로, 다윈의 악마 역시 과학자들이 왜 이러한 존재가 존재하지 않는지 설명할 필요가 있는 대상일 것이다.

# 맥스웰의 악마

(1867)

속도 때문에 열역학 제2법칙을 위반할 수 있는 개별 입자들이 있다고 해 보자. 이들은 영구 운동 기계를 가동할 수 있을 뿐만 아니라, 시간을 역전시킬 수도 있다.

열역학 제2법칙은 엔트로피가 언제나 증가한다고 말한다. 엔트로피는 난해한 개념으로, 무질서도, 무작위도, 에너지 사용 불가능성, 정보 손실 등과 같은 많은 방법으로 다양하게 정의할 수 있다(이는 노이즈라고 알려져 있기도 하다). 쟁반 위에 1부터 100까지 숫자가 적힌 작은 타일이 늘어서 있다고 상상해 보자. 타일이 늘어서 있는 쟁반은 하나의 시스템을 구성하고 있으며, 초기 상태는 무척 질서 정연한 상태를 이루고 있다. 만약 당신이 타일이 모두 균일하게 뒤섞일 때까지 쟁반을 뒤흔들었다면, 이들 타일은 더 이상 질서 있는 상태가 아닐 것이다. 이렇게 되면, 타일을 아무리 많이 흔들더라도 초기 상태로는 돌아가지 않을 것이며, 실제로 타일이 균일하게 분포하게 될 경우 이들은 일종의 평형상태에 도달하게 된다. 타일-쟁반 시스템은 엔트로피가 낮았다가 높아진 시스템의 전형적인 사례가 될 것이다.

한쪽에는 뜨거운, 다른 쪽에는 차가운 기체 입자가 있는 상자에서 일어나는 간단한 과정을 생각해 보자. 입자들이 무작위로 운동하면서 상자에 균등하게 열을 퍼뜨릴 것이며, 전체 계system는 상자 전반에 걸쳐 균등한 온도라는 평형상태에 도달하게 될 것이다. 여기서 이 계의 엔트로피는 증대한 것이다. 이 엔트로피를 감소시킬 유일한 방법은 이 작용 외부의 원천뿐일 것이다(예를 들어 상자의 한쪽 편에 열원을 가져다 놓는 방법). 이 상자를 열원을 포함하는 좀 더 큰 계에 연결하면, 전체 계의 엔트로피 역시 증가하게 될 것이다.

엔트로피는 왜 어떠한 기계도 에너지 변환 과정에서 100퍼센트의 열효율을 가질 수 없는지 설명한다. 일부 에너지는 열로 손실되며, 또 일부 에너지는 사용할 수 없는 에너지로 손실된다. 엔트로피는 영구 동력 기관을 불가능하게 만든다. 또 이는 시간의 화살에 방향을 부여하기도 한다. 어떤 과정은 결코 완전히 역으로 수행될 수 없다. 이는 에너지가 시간의 흐름에 따라 손실되기 때문이다. 깨진 유리는 결코 이전처럼 다시 붙을 수 없으며, 카드 꾸러미 역시 결코 다시 "뒤섞이지 않은" 상태로 돌아갈 수 없다. 바로 이러한 불가역성이 시간에 방향을 부여한다. 엔트로피는 오직 한 방향으로만 흐른다.

## 날카로운 능력을 갖춘 존재

처음에는 1867년에, 나중에는 1871년에 자신의 저술『열 이론Theory of Heat』에서 스코틀랜드 물리학자이자 수학자인 제임스 클러크 맥스웰은 한 가지 사고실험을 제안했다. 하나의 작은 구멍으로 연결되어 있지만 A, B 두 부분으로 나뉜 상자가 하나 있다. 연결구 양측의 공기는 동일한 온도에 머물러 있으며, 전체 계는 엔트로피가 최대화된 상태라는 의미에서 평형이다. 하지만 각각의 상자 내에서 가스 입자들은 "어떠한 수단으로도 동일하지 않은 속도" 범위 내에서 운동하고 있다. 이제 맥스웰의 1872년 판『열 이론』에서 제시된 안내에 따라 상상을 해 보자.

개별 분자의 궤적을 추적할 수 있을 만큼 날카로운 능력을 갖춘 존재가 있다.…그는 연결구를 열고 닫을 수 있으며, 이를 통해 빠른 분자만을 A에서 B로, 느린 분자만을 B에서 A로 이동시킬 수 있다. 이렇게 되면, 그는 어떠한 일도 하지 않은 채 B의 온도는 높이고 A의 온도는 낮출 수 있을 것이다. 이는 열역학 제2법칙과 모순된다.

맥스웰은 단순히 '존재'에 대해 말했지만, 이 존재는 제1대 켈빈 남작이었던 윌리엄 톰슨에 의해 "악마"라는 이름을 얻게 되었다. 맥스웰의 의도는 열역학 제2법칙이 통계 역학에 기반하고 있다는 점을 보여 주는 데 있었다. 문제는 거대한 수의 입자들—물질의 집합—이 보여 주는 움직임에 있

작업 중인 맥스웰의 악마

었다. 맥스웰의 악마는 오직 그가 "개별 분자를 인식하고 다룰" 수 있기 때문에 가능했던 것이다. 그렇기 때문에, 맥스웰이 볼 때 이 악마는 열역학 제2법칙에 어떠한 위협도 되지 않았다.

다른 물리학자들은 이를 맥스웰만큼 낙관적으로 생각하지 않았다. 만일 맥스웰의 악마가 가능하다면, 이 악마는 닫힌 계의 엔트로피를 감소시킬 수 있을 것이며, A와 B 사이의 온도 차이는 다른 어떠한 것도 소비하지 않고도 일을 할 수 있는 열기관의 동력으로 사용될 수 있을 것이다. 이렇게 되면 영구 동력 기관을 만들 수 있다. 비록 A와 B의 평형 상태를 비평형 상태로 만들어 내는 악마의 능력이라는 게 시간의 흐름을 거슬러 올라가는 것과 유사해 보이지만 그렇다.

맥스웰의 악마를 반대하는 한 가지 명백한 논거는, 악마 자신과 악마가 조정하는 연결구의 메커니즘 자체가 계의 엔트로피를 증가시킨다는 것이다. 이는 이들이 일을 할 뿐만 아니라 전체 계에 포함되어 있는 것으로 간주되어야 하기 때문이다. 이런 식의 반대는 맥스웰의 악마를 나타내는 전형적인 그림 속에서 묵시적으로 드러나 있다. 이 그림은 작은 악마가 상자 A와 B 위에 올라타고, 상자 밖에서 연결구를 조작하는 것을 묘사한다. 이 사례에서 전체 계는 상자만 포함하지 않는다. 이 계에는 입자 선택보다 더 많은 일을 하는 악마까지도 포함되어야 한다.

하지만, 악마가 상자 내부에 있고, 계 내부에 포함되어 있으며, 연결구의 운용에 추가적인 일이 필요하지 않다고 인정하더라도, 악마의 분류 과정은 특히 악마가 정보를 처리하는 과정으로 인해 그것이 생성하는 것보다 더 많은 일을 하게 된다고 반대하는 것도 여전히 가능하다. 모든 시간에 걸쳐, 맥스웰의 악마는 입자를 통과시킬 것인지 아닐지를 판단하기 위해 정보를 수집해야 한다. 이를 위해서는 앞서 판단하려고 수집했던 입자에 대한 정보를 지울 필요가 있고, 정보를 지우는 것은 언제나 일이기 때문에(이 원리는 롤프 랜다우어에 의해 1961년 최초로 제안되었다), 계 전체가 얻는 순net 일은 없을 것이다.

2015년 핀란드 알토 대학교 물리학과의 욘 코스키는 이러한 상황을 묘사했다. 그는 동료들과 함께 맥스웰의 악마와 같은 전기 회로, 즉 전자의 흐름을 전환하여 외부 환경으로부터 열을 "빼앗아" 결국 냉각 효과를 내는 회로를 만들어냈다. 하지만 맥스웰의 악마는 다음 전자를 평가하기 위한 공간을 확보하기 위해 각각의 전자를 관찰했던 정보를 지워야 했고, 이 과정은 결국 열을 발생시키는 효과로 이어졌다. 코스키는 이렇게 관찰했다. "맥스웰의 악마는 전체 계를 냉각시키기보다는 오히려 데우고 있었다."

# 빛을 따라가는 것은 어떤 느낌일까?

(1895)

빛을 붙잡으려 한다면, 당신은 대체 무엇을 보게 될까? 이 과정을 바라보는 관찰자 역시 당신이 보고 있는 것을 보게 될까?

과학에서 가장 잘 알려진 사고실험 중에는 알베르트 아인슈타인이 젊은 시절 발표했으며 이후 물리학을 전복하고 시간과 공간을 재정의하는 데 이르는 노정의 기반이 되었던 실험이 있다. 아인슈타인은 특수 상대성 이론과 일반 상대성 이론, 그 밖에 다른 여러 영역에서 성과를 거두기 위해 영감에 찬 여러 사고실험을 사용했다. 이러한 사고실험들은 그의 발견에서 도출되었던 기묘하고 반직관적인 함축을 옹호하는 데 결정적인 도구가 되었다.

## 빛의 속도 역설

아인슈타인의 자서전에 따르면, 자신이 특수 상대성에 대해 접근한 방식, 다시 말해 다른 관찰자의 관점에서 볼 때 등속 운동을 하고 있는 관찰자라는 특수한 사례에서 상대적인 시간과 공간의 본질을 다룬 아인슈타인의 이론은 그가 "이미 16세 때 떠올렸던 한 가지 역설" 덕분에 가능했던 것이다.

내가 속도 $c$ (진공에서 빛의 속도)로 빛을 쫓아간다고 해 보자. 나는 빛줄기를 멈춰 있는 상태에서 관찰해야 한다. …하지만 경험에 비춰 보든 맥스웰 방정식에 비춰 보든 그러한 대상은 존재하지 않는 것처럼 보인다. 내게 직관적으로 명료해 보이는 것에서부터 그와 같은 관찰자의 판단을 평가해 보자면, 모든 것은 지구와 상대적으로 정지해 있는 관찰자에게 동일한 법칙에 따라 일어난다. 최초의 관찰자가 알거나 결정하지 못한다면, 그는 대체 어떻게 속도 측면에서 단일한 운동을 취급할 수 있을 것인가? 누구든 이러한 역설 속에 특수 상대성 이론의 씨앗이 이미 들어 있다는 사실을 확인할 수 있을 것이다.

대부분의 독자들은 이러한 설명이 뭔가 모호하다고 느낄 것이다. 이는, 전문가—예를 들어 피츠버그 대학교의 존 노튼—에 따르면, 이러한 주장에는 큰 의미가 없기 때문이다. 이에 대해 논의해 보자.

## 갈릴레오 상대성

아인슈타인이 자신의 해설 앞부분에서 제시하는 것은, 우주에 대한 충돌하는 두 가지 견해에 의해 제기된 역설이다. 운동 물리학에 대한 고전적인 설명은 갈릴레오와 뉴턴에 의해 제시되었다. 이들은 지구의 움직임을 따라 공간을 헤치고 나가는 운동 중인 배 위를 걷는 선원이라는 사고실험을 사용했다. 이 사고실험은 운동을 더하거나 뺄 수 있다는 점을 보여 준다. 여기서 선원은 초속 1미터의 속도로 배 위에서 동쪽으로 걷고 있다. 하지만 그가 탄 배는 초속 10미터로 서쪽을 향해 진행하고 있다. 결국 지구 표면에서 선원의 상대 속도는 서쪽 방향으로 초속 9미터인 셈이다. 하지만 동시에 지구 그 자체는 동쪽으로 초속 460미터로 회전하고 있으므로, 결국 우주 공간에 떠 있는 관찰자에게 상대적으로 이 선원의 속도는 동쪽으로 451미터에 해당한다. 이것이 갈릴레오 상대성이다.

하지만 19세기 후반, 전자기파의 전파가 어떤 방정식을 따르는지 연구했던 제임스 클러크 맥스웰(54쪽을 보라)은 진공 속에서 전자기파의 속도(즉 빛의 속도, $c$라는 이름으로 주로 지시됨)는 고정된 보편 상수이며, 관찰자의 속도에 의존하지 않는다는 점을 증명했다.

갈릴레오 상대성에 따르면 초속 10미터로 서쪽을 향해(지구의 움직임을 무시할 경우)하는 배에 타고 있는 선원이 서쪽을 바라보고 있는 상태에서 서쪽에 있는 섬의 횃불이 켜진다면, 횃불에서 나온 빛의 속도는 $c$+초속 10미터일 것이다. 하지만 그가 동쪽으로 항해하고 있다면, 이 빛의 속도는 $c$-초속 10미터가 될 것이다. 여기서 맥스웰의 방정식은 이 모든 경우에 $c$가 동일한 값이어야 한다고 말한다. 이는 1887년 있었던 마이컬슨-몰리Michelson-Morley 실험, 다시 말해 항성에서 지구로 향하는 광선이 우주 공간 속에서 지구가 운동하는 방향과 아무런 상관없이 모든 방향에서 동일하다는 점을 밝혀 낸 실험을 통해 입증되었다. 때문에 갈릴레오 상대성은 빛의 속도가 절대적이라는 맥스웰의 입장과는 직접적으로 모순되었고, 이는 아인슈타인이 제시한 역설로 이어졌다.

## 노면전차 속의 폭풍

그럼에도 맥스웰의 사고실험은 이 역설을 해결할 수 있는 명료한 방식으로 제시되지 않았으며, 16세의 아인슈타인은 분명 아직 맥스웰의 방정식을 공부하지 않은 상태였다. 때문에 아인슈타인의 회상은 아마도 오류일 것이다. 더 결정적인 사고실험은 그가 이러한 역설을 해소할 방법을 찾지 못해 우울증을 겪으며 침체기에 빠져 있었던 1905년 5월에 내놓은 사고실험일 것이다. 아인슈타인은 당시 스위스 베른에 머물고 있었다. 노면전차를 탈 때마다, 그는 지나는 길목에 있는 커다란 시계를 바라보았고, 노면전차가 빛과 같은 속도로 달린다면 무슨 일이 일어날지를 상상하고는 했다고 회상한다. 이 때, 그는 시계의 문자반에서 나오는 빛과 노면전차가 똑같은 속도로 달릴 것이라고 상상했다. 그렇기 때문에 이 시계는 멈춰 있는 것처럼 보일 것이다. 그의 손목시계가 정상적으로 작동하더라도 그렇다. 아인슈타인은 "폭풍이 내 마음 속을 스치고 지나갔다"고 회상했다. 그는 시간이 당신의 이동 속도에 따라 서로 다른 장소에서 다른 속도로 흐를 수 있다는 점을 깨달았다. 시간은 절대적이지 않으며, 오히려 상대적이다.

이 개념은 승강장에서 통과하는 열차를 바라보는 관찰자를 사용한 사고실험으로 가장 잘 묘사할 수 있다. 만일 이 열차에 탑승한 한 승객이 객차의 한쪽 끝에 공을 던져 튕겨나오게 했다면, 승강장의 관찰자는 갈릴레오 상대성의 규칙에 따라 이 공의 속도를 지각하게 될 것이다. 예를 들어, 열차가 동으로 초속 100미터로 달리고 있으며 공이 서쪽으로 10미터 움직이고 있다면, 관찰자의 눈에는 공이 동으로 초속 90미터로 움직이는 것으로 보일 것이다. 하지만 빛은 조금 다른 규칙을 따른다.

## 빛과 시계

우리의 승객이 (거울로 이뤄져 있어 빛이 왔다갔다하는) 빛 시계를 갖고 있고, 시계의 한쪽 거울은 천장 방향으로, 다른쪽 거울은 바닥 방향으로 향하도록 했다고 가정하자. 승객이 보기에 시계에서 나오는 광선은 곧장 위쪽, 아래쪽으로 향하는 것으로 보일 것이다. 천장에서 반사된 광선이 바닥에 도착하는 것을 한 번의 맥놀이beating라고 하고, 승객은 이 빛 시계와 동기화된 손목시계를 가지고 있다. 하지만 승강장의 관찰자는 이 상황을 다르게 볼 것이다. 빛 시계 속에서 반사되는 광선 역시 동쪽으로 이동할 것이기 때문이다. 결국 광선은 관찰자가 상대적으로 볼 때 V 형태의 경로를 따라가는 것으로 변형되어야 한다.

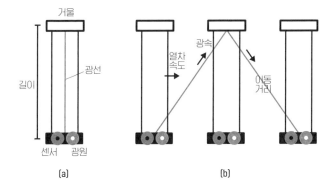

a) 열차 승객에게 보이는 빛 시계.
b) 플랫폼의 관찰자에게 보이는 빛 시계.

이를 달리 말하면, 빛 시계가 동일한 맥놀이를 한 차례 완료할 때 광선이 관찰자에 따라 더 많은 거리를 이동해야 한다는 뜻이다. 갈릴레오 상대성에 따르면, 속도=거리/시간이며, 이 등식에는 광선이 관찰자의 관점에 따라 더 빠르게 이동하게 된다는 함축이 담겨 있다. 하지만 빛의 속도는 고정되어 있으며 이는 승객과 관찰자에게도 동일한 것이다. 그렇기 때문에 관찰자의 관점에서 보았을 때 실제로 변하는 것은 시간이다. 승객의 빛 시계와 이 빛 시계와 동기화된 손목시계는 관찰자의 시계보다 느리게 맥놀이한다.

이번에는 플랫폼이 아니라 다른 열차에 탑승한 관찰자를 상상해 보자. 두 편의 서로 다른 열차에 탑승한 관찰자들은 어느 편이 이동하고 있고 어느 편이 멈춰 있는지 말할 수 없는 관계 속에 있다. 서로가 서로를 이동하고 있다고 말할 수밖에 없는 상황이다. 이것은 서로 직선 등속운동으로 이동하고 있는 어떠한 관찰자에 대해서든 참이다. 달리 말해, 시간 감속 현상은 열차/승강장 사고실험 참여자 모두에게 동등하게 일어나는 일이며, 또한 승객에게는 자신의 빛 시계가 보통의 속도로 맥놀이하는 것처럼 보이겠지만 관찰자의 시계는 그보다 더 느리게 보일 것이다.

사고실험을 통해, 시공간의 상대성이 가진 여러 다른 귀결을 밝혀낼 수 있다. 예를 들어, 공간은 운동의 방향으로 수축되지만 질량은 속도가 증가할수록 증대하며, 어떤 관찰자에게는 동시에 일어나는 것으로 보이는 사건이 다른 관찰자에게는 동시에 일어나지 않을 수 있다. 이러한 현상은 우리 모두에게 모든 시점에 걸쳐서 참이지만, 인간의 경험 속에서 통상 마주치게 되는 속도 대역에서 이와 같은 변화의 수준은 뉴턴에 의해 상정되고 갈릴레오 상대성에 의해 기술된 시공간의 작동 방식과 어떠한 실질적 차이도 불러오지 않을 만큼 극히 미약하다. 오직 $c$에 근접한 속도에서만 상대성 효과가 의미 있는 수준만큼 일어나게 된다.

# 지붕에서 떨어지는 사람

(1907)

당신이 지붕에서 떨어지고 있다고 해 보자. 당신은 당신의 몸무게를 뭔가 다르게 느낄
것이다. 그렇다면 당신이 별이나 행성에서 멀리 떨어진 깊은 우주 공간에 떠다니고 있다면
어떨까?

특수 상대성은 그것이 오직 균일한 속도로 이동하는 관찰자
의 경우에만 적용될 수 있다는 점에서 특수하다. 아인슈타
인은 속도가 변화하는 운동(예를 들어 가속)에도 이 원리를 일
반화할 수 있다는 데 경탄해 마지않았다. 또한 그는 특수 상
대성을 뉴턴의 중력 개념과 통합하길 원했다.

### 가장 행복한 생각

아인슈타인은 1907년에 있었던 일을 이렇게 회고했다.

나는 베른의 특허 사무소에 있던 내 자리에서…특수 상대성 이론에 대
한 내 작업의 요약본을 작성하고 있었다.…또한 뉴턴의 여러 법칙들과
같은 중력 이론을 내 이론에 부합하도록 수정하는 작업도 계속하고 있

었다. …순간, 나는 내 삶에서 가장 행복한 생각을 하게 되었다. 어떤 건물의 지붕에서 자유 낙하하는 관찰자에게는, 적어도 그가 낙하하는 동안에는 어떠한 중력 마당도 작용하지 않는다. 다시 말해, 낙하하는 관찰자가 어떠한 물체든 놓친다면, 이 물체는 정지 상태 또는 균일한 운동을 하고 있는 상태로 남아 있을 것이라는 말이다.

아인슈타인은 1922년 강의에서 이러한 깨달음에 대해 다시 이야기했다. "만일 어떤 사람이 자유 낙하 중이라면, 그는 자신의 몸무게를 느낄 수 없다는 점 때문에 깜짝 놀라게 될 것이다. 이러한 단순한 사고실험은 내게 아주 깊은 인상을 남겼다." 이 시기에는 누구도 지구 궤도에 올라갔던 적이 없었으며, 높은 상공을 비행 중인 항공기에서 급강하하거나 스카이다이빙을 한 사람도 없었다는 점을 염두에 두면, 당시에 자유 낙하 개념을 오늘날처럼 문화적으로 쉽게 사용할 수 없었다는 점은 명확하다. 이런 사실은 아인슈타인의 직관적 도약이 놀랄 만한 것임을 보여 준다.

아인슈타인의 관찰이 가진 특별한 귀결은, 만일 떨어지는 사람이 그가 낙하하는 도중 무언가를 놓쳤다면 이 물체는 "낙하하는 사람에게 상대적으로 정지 상태에 있는 것처럼" 그와 함께 낙하할 것이라는 사실이다. 케임브리지 처칠 칼리지의 학장을 역임했던 허먼 본디 경은 이러한 관찰에 대해 이렇게 이야기했다. "새를 관찰하던 물리학자가 절벽에서 떨어졌다고 생각해 보자. 그는 자신의 쌍안경을 걱정하지는 않을 것인데, 이는 쌍안경이 그와 함께 떨어질 것이기 때문이다." 이런 주장은 과학사 전반에서 대단히 유명한 사고실험, 즉 갈릴레오 갈릴레이가 피사의 사탑에서 공을 떨어뜨린 시험(24~26쪽을 보라) 덕분에 참으로 알려져 있다.

아인슈타인은 "동일한 중력 마당 안에 있는 모든 물체가 동일한 가속을 받는, 극단적으로 낯설지만 잘 입증된 경험" 으로 자신의 또 다른 사고실험을 통해 명확히 밝히려 했던 '심층적인 물리적 의미'를 획득할 수 있었다. 그 사고실험이 란, 광선을 추격하는 사고실험이다.

## 등가 원리

아인슈타인의 말을 더 들어 보자. 잠이 들었던 한 물리학자 가 상자 안에서 잠에서 깨어났다고 상상해 보자. 일어나 보 니 그는 자신의 체중을 느끼며 바닥에 서 있음을 깨달았다. 또한 공을 여러 개 떨어뜨려 보니―그중 하나를 포물선 궤 도를 따라 던졌을 때도―이것들이 바닥에 동시에 도달한다 는 점도 알 수 있었다. 이 물리학자는 이 상자가 지표면 위에 있고, 물체가 중력에 따라 낙하한다고 추정할 것이다. 하지 만 사실 문제의 상자는 한 방향으로 $9.8^m/_s$만큼 가속하면서 어떠한 항성이나 은하계와도 멀리 떨어져 있는 깊은 우주 공간에 떠 있었다. 그가 던진 공은 실제로는 그 관성 질량(어 떤 물체가 가속에 저항하는 수준. 예를 들어, 가벼운 바위보다 무거운 바위를 얼음 위에서 끌어당기는 데 더 많은 힘이 필요하다)으로 인해 상자의 가속 방향 반대편에 머물러 있을 것이다. 이와 마찬가지로, 물리학자가 느꼈던 체중 역시 관성 질량에 의한 것이었다.

　뉴턴은 관성 질량과 중력 질량, 즉 일정한 질량을 가진 물체에 대해 중력 마당이 일으키는 운동의 힘 사이의 차이를 상세히 설명한 바 있다. 뉴턴은 서로 다른 물질로 그 속을 채웠다고 하더라도 진자의 추는 동일하게 움직인다는 점을 실험을 통해 입증하기도 했다. 두 현상 사이의 일치 관계는 주목할 가치가 있었지만, 당시까지는 이상하게도 무시되고 있었다. 아인슈타인은 이에 대해 두 현상은 단순히 일치하는 관계가 아니며, 이는 자신의 사고실험 속 물리학자가 자신이 지구상의 중력 마당 속에 있을 때 일어날 일과 우주 공간 내에서 가속하고 있을 때 일어날 일 사이의 차이에 대해 어떠한 것도 이야기할 수 없기 때문이라고 밝혔다. 아인슈타인이 이렇게 말한 이유는, 양측 사이에 어떠한 차이도 없기 때문이다. 다시 말해, 양측은 정확히 동등하다. 1916년, 아인슈타인은 "관성 질량과 중력 질량 사이의 등가성은…명확히 인식할 수 있다"고 썼다. 또한 그는 일반 상대성 이론의 기초에 대해 서술한 1918년의 논문에서 이렇게 주장했다. "관성과 중력은 그 본성 면에서 정확히 동일한 현상이다."

등가 원리는 중력이 곧 가속과 동등하다는 점을 보여 주었으며, 또한 이러한 원리는 상대성 원리에 중력을 포함할 수 있도록 일반화할 수 있게 만들었다. 특수 상대성 원리는 등속 운동 중인 관찰자라는 특수한 사례에만 적용될 수 있었지만, 일반 상대성 원리는 모든 관찰자에 적용될 수 있었다. 만일 중력이 운동이라면, 다시 말해 특수 상대성 원리가 적용될 수 있는 대상이라면, 중력 역시 운동과 마찬가지로 시공간에 영향을 끼칠 수 있을 것이다. 중력은 시간을 느리게 하고 공간을 휘게 만든다. 운동과 마찬가지로, 아주 커다란 중력은 상대적 효과를 필연적으로 유발한다. 물론 지구에서는 이를 쉽게 알아차릴 수 없다. 하지만 그럼에도, 고층 건물 아래층에서는 위층보다 시간이 더 천천히 흘러가는 것이 사실이다. 만일 당신이 삶 전체를 저층부에만 머물면서 살게 된다면, 당신은 수명을 대략 0.00000009초 정도 손해 보게 될 것이다. 화성은 지구보다 작고 질량도 작기 때문에, 표면 중력이 지구의 20퍼센트 정도에 불과하다. 그렇기 때문에 화성에서는 지구보다 시간이 더 빠르게 흐른다. 중력 시간 팽창 효과로 인해, 화성의 표면에서 사람들은 3년 정도 더 빠르게 늙는다.

아인슈타인의 또 다른 주요한 통찰로 꼽을 수 있는 것은 중력이 모든 물체에 동일한 방식으로 작용하며(그렇기 때문에 갈릴레오가 떨어뜨린 공들은 지면을 동시에 때리게 된다), 물체의 속성에 의존할 수 없다는 사실이다. 여기서 말하는 속성 속에는 물질의 시공간적 속성(4차원 연속체 속이라는 속성. 여기서 4차원이란 공간의 세 차원과 시간이라는 네 번째 차원을 포함하는 개념이다)이 포함되어야 한다. 실제로, 아인슈타인은 중력이 실제로는 힘이 아니며 다만 물질에 의해 시공간이 휘어졌기에 나타나는 귀결임을 깨달았다. 일반 상대성 이론을 무엇인지 보여주는 공리는 다음과 같다. "물질은 시공간이 어떻게 휘어져 있는지 이야기하며, 휘어진 시공간은 물질의 움직임을 이야기한다." 중력은 시공간의 휘어짐에 뒤따라 일어나는 물체의 가속 현상을 말한다. 이 내용은 통상 시공간을 일종의 고무 시트라고 상정하고 이뤄지는 사고실험을 통해 묘사할 수 있다. 고무 시트 위에 올려놓은 공의 크기가 클수록 시트는 점점 더 많이 변형될 것이고, 작을수록 변형의 수준도 작아질 것이다. 아주 커다란 공을 올려놓으면, 고무 시트는 이 공으로 인해 가능한 한 큰 수준으로 변형될 것이며, "중력 우물"을 만들어 내게 될 것이다.

태양과 같은 아주 큰 물체 부근에서 시간 팽창 효과는 더욱 커진다. 시계는 더 느리게 돌아갈 것이며, 삼각형의 내각의 합도 더 이상 180도가 아닐 것이다. 블랙홀(강력한 중력 마당을 보유한, 초고밀도 천체) 부근을 통과하고 있는 우주선의 승객들은 아주 효과적인 방식으로 미래를 향해 시간 여행을 할 수 있다. 이는 "보통" 우주 공간에서 흐르는 몇 년은 블랙홀 부근에서의 몇 분과 동등하기 때문이다.

# 할아버지 역설

(1915~)

일반 상대성 이론은 시간을 거슬러 올라가는 시간 여행이 가능할 수도 있다는 점을 함축한다.
하지만 만약에 당신이 실제로 시간을 거슬러 올라가 당신의 할아버지를 죽일 수 있다면,
역설이 벌어지고 말 것이다.

할아버지 역설은 시간을 거슬러 올라가는 시간 여행의 가능성이 열어 버린 진정한 판도라의 상자로 잘 알려져 있다. 시간 여행 그 자체는 사소한 일이다. 우리 모두 항상 시간 여행을 하고 있기 때문이다. 물론 그 방향은 미래를 향해 있다. 특수 상대성 이론은 시간이 서로 다른 속도로 흐를 수 있다는 점을, 그리고 당신이 겪고 있는 것보다 더 느리게 흐를 수 있다는 점을 보여 준다. 이러한 사실로부터 인간의 수명 안에서 몇 해 정도는 미래로 여행할 방법이 있다는 점을 알 수 있다. 당신이 1G(즉 9.8㎧, 지구 중력 가속도와 동등한 속도) 정도의 편안한 수준으로 가속되고 있는 우주선을 타고 여행한다면, 당신은 대략 1년 뒤에는 (지구와는 상대적으로) 빛의 속도에 근접하게 될 것이다. 그리고 당신이 이 우주선에 우주선 내부 시간으로 약 40년 정도 탑승하고 있다면, 당신은 대략 6만 광년 정도를 움직일 수 있을 것이다. 이 정도 거리는 태

양계에서 우리 은하의 중심부를 방문했다가 돌아올 수 있는 거리다. 당신은 물론 40년 정도 나이를 먹었을 것이다. 하지만 지구에서는 시간이 대략 6만 년 정도 지나 있을 것이다.

## 어떻게 타임머신을 만들 수 있는가

일반 상대성 이론에 따르면 거대 중력에 의해 발생하는 시공간 곡률을 활용하면 과거를 향한 시간 여행이 가능할지도 모른다. 시공간을 어디서든 휘게 만들 수 있다면, 물리학자들이 닫힌 시간꼴 곡선Closed Timelike Curve이라고 부르는 것, 다시 말해 시작 지점으로 되돌아오는 시공간 고리가 만들어질 수 있다. 이러한 집중적인 시공간 곡선을 만들어 내려면 회전하는 블랙홀 또는 확대되고 고정되어 있는 웜홀wormhole* 같은 무언가가 있어야 한다. 이러한 가능성은 잘해 봐야 사변적이라 할 수 있지만 일반 상대성 물리학이 제기하는 이와 같은 문제가 여러 역설을, 그중에서도 할아버지 역설을 함축한다는 점에서 주목할 만하다.

할아버지 역설에는 다양한 버전이 있다. 가장 기본적인 시나리오는 이런 식이다. 이브는 자신의 외할아버지 존이 악당이라는 이유로 그를 죽이기를 원한다. 닫힌 시간꼴 곡

---

* 두 시공간 영역 사이의 지름길 또는 다리.

선을 사용하여 자신의 어머니가 태어나기 이전 시점으로 돌아간 다음 존의 뒤통수에 총을 대고 방아쇠를 당긴다. 만일 이브가 방아쇠를 당겨 존이 죽어 버린다면 역설이 생긴다. 존이 너무 빨리 죽어 버려서 그가 이브의 어머니의 아버지가 될 수 없기 때문이다. 이는 이브 역시 태어날 수 없고, 따라서 존을 죽였던 시공간으로 되돌아갈 수도 없다는 것을 의미한다.

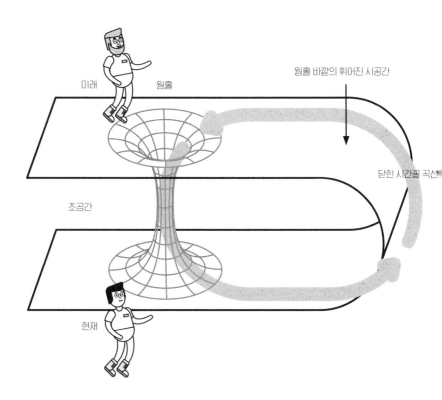

만일 시공간이 충분히 변형된다면,
이는 일종의 고리 모양 곡선을 구성하는 방식으로 휠 것이다.

## 종조할아버지 역설

방금 제시한 시나리오를 살짝 뒤틀어 또 다른 역설을 조명할 수 있다. 아마도 이를 종조할아버지 역설The Great Uncle Paradox 이라고 부르면 적절할지도 모르겠다. 이브가 2016년에서 1932년으로 시간 여행을 해서 자신의 종조할아버지인 아돌프를 죽였다고 가정해 보자. 아돌프의 죽음이 이브의 탄생에 영향을 미치지는 않겠지만 이브는 아돌프가 1932년이 아니라 1945년에 사망했다고 알고 있다. 이번에도 이브는 아돌프의 뒤통수에 장전된 권총을 대고 방아쇠를 당겼다. 이제, 두 가지의 모순되는 주장이 참인 듯하다. 첫째, 이브가 방아쇠를 당기고 아돌프의 두뇌를 박살 내는 것은 매우 쉬워 보이기 때문에 우리는 이브가 아돌프를 죽일 수 있다고 주장할 수 있다. 하지만 우리는 아돌프가 1932년에 두뇌가 파괴되어 죽지 않았다는 사실을 확실하게 알고 있다. 이는 이브가 그를 죽일 수 **없다**는 뜻이다. 두 주장은 동시에 참일 수 없으며, 일종의 역설을 남기게 된다.[*]

---

[*] 이 부분은 저자가 할아버지 역설을 조금 약화시키기 위해 만든 역설로 보인다. 1) 과거 방향으로 시간여행이 가능하다면, 이를 통해 과거를 바꿀 수 있다. 2) 시간 흐름의 방향에 따라 과거는 변화할 수 없다. 이 두 주장이 서로 충돌함을 보여 주고자 하는 사고 실험으로 보인다. 할아버지 역설을 약화시키면서 역설의 초점은 보존하려는 시도임은 분명해 보이는데, 이런 방식으로 약한 역설을 제시함으로써 감소시킬 수 있는 오해가 무엇인지 좀 더 써 줬으면 좋았을 것이다. 아마도, 과거에 일어난 대부분의 사건은 이브의 현존에 영향을 끼치지 않을 것이고, 따라서 할아버지 역설로는 시간여행을 통한 이들 사건의 조작이 일으키는 모순을 정확히 포착하기 어렵지 않느냐고 생각한 듯하다.

이를 해결하거나 적어도 회피할 수 있는 한 가지 방법은 과거를 향한 시간 여행이 어떤 경우에도 불가능하다고 가정하는 것이다. 우리가 현재 물리학을 이해하는 방식에는 분명 불분명하거나 일그러진 것이 있을 것이며, 따라서 실제로 닫힌 시간꼴 곡선을 만들어 낼 수는 없을 것이다. 이것이 물리학자 스티븐 호킹이 내놓은 주장의 핵심이다. 그는 자연 법칙이 타임머신의 제작을 막는다는 내용인 '연대기 보호 추측Chronology Protection Conjecture'을 내놓았다. 2009년 호킹은 "미래에서 온 시간 여행자를 위한 파티"를 개최해 자신의 주장이 옳다는 점을 입증하려 했다. 그는 음식을 준비하고 파티 장소를 풍선으로 장식했는데, 파티 초대장은 파티 시점 이후에 배송했다. 파티에는 누구도 참석하지 않았다. 물리학자들은 세계에 대한 현대 물리학의 체계가 불완전하다는 점을 잘 알고 있으며, 이는 누구도 아인슈타인의 상대성과 중력을 양자역학과 통합하지 못했다는 점에서 확인할 수 있다. 물리학자 윌리엄 히스콕의 말처럼 "물리 법칙이 시간 여행을 가로막고 있느냐는 질문에 대한 답은, 과학자들이 양자 중력에 대한 적절한 답을 찾아낼 때까지 분명해지지 않을 것이라는 사실이 점점 더 명확해지고 있다."

러시아의 물리학자 이고르 드미트리예비치 노비코프는 시간 여행의 가능성을 허용함으로써 일어나는 이와 같은 역설에 대해 한 가지 해결책을 제시했다. "할아버지를 암살한다니, 타임머신을 사용해 이런 어처구니없는 범죄를 저지르는 것을 인정할 수 있는가? 단언컨대 안 된다." 노비코프는 이러한 역설을 "자체 일관성 원리"를 통해 예방할 수 있다고 주장했다. 형이상학자 로빈 르포이데빈은 이 원리를 이런 식으로 요약했다. 시간 여행자는 "어떠한 과거의 사실도 바꿀 수 없다." 달리 말하면, 시간여행자는 자신이 살던 시점까지 일어났던 일과 부합하는 일만을 할 수 있다.

세 번째 해결책은 실재는 "다중 세계"라고 해석하는 데 의존한다. 이는 어떤 방향으로 진행되어야 하는지 정해지지 않은 양자 미결 상태가 일어날 때마다(87쪽 슈뢰딩거의 고양이 부분을 보라), 혹은 실제로 모든 결단 또는 선택의 순간마다 새로운 우주 혹은 실재가 분기해 나온다는 주장이다. 이러한 시나리오에서, 시간 여행자는 자신의 할아버지를 죽이러 시간을 거슬러 올라갈 때 자신이 살고 있던 역사와는 다른 역사로 넘어가는 것이며, 이러한 새로운 역사 속에서 할아버지는 시간 여행자의 손에 살해당할 수 있다. 이러한 사실은 이 시간 여행자가 이 우주에 존재한다는 사실과는 어떠한 역설 관계도 아니다. 왜냐하면 그가 하나의 우주에서 다른 우주로 이동했기 때문이다.

"할아버지 역설"과 함께, 폴 호위치의 흥미로운 논증도 살펴볼 가치가 있다. 만일 시간 여행이 미래에 발명되었을 경우, 수많은 시간 여행자들이 과거로 돌아와 예방적 암살을 시도할 가능성이 있다. 예를 들어 아돌프 히틀러를 1932년에 암살하려는 시도 같은 것이 바로 그것이다. 하지만 만일 이러한 일이 실제로 일어날 경우, 히틀러의 목숨을 노리는 수많은 시도들이 진행되었을 것이며, 이들 모두는 서로에게 영향을 끼쳤을 것이다. 그러한 상황이 벌어졌다는 증거가 전혀 없다는 사실은, 그 자체로 시간 여행이 미래에도 발명되지 않았다는 증거가 된다.

## 존재론적 역설

(1915~)

만일 당신이 셰익스피어가 희곡을 저술하기 이전 시점으로 돌아가, 그를 살해한 다음 기억에
의존해 그의 희곡을 서술했다고 해 보자. 이 희곡들은 대체 어디에서 온 것인가?

할아버지 역설, 그리고 시간 여행과 관련된 다른 여러 역설들은 이미 일어난 효과를 그럴 수 없도록 막는다는 의미에서 인과성의 위반을 다루는 역설이라 할 수 있다. 이들 역설을 이루는 여러 문제 집합들이 동일한 방식으로 인과성의 위반을 다루고 있지는 않지만, 이들이 물리학과 논리학이 해결해야 할 많은 도전을 제시하고 있는 것도 사실이다.

### 어느날 갑자기 난데없이

이런 시나리오에 대해 생각해 보자. 억만장자이며 애서가인 알렉세이 머니백은 윌버트 셰익스스태프의 희곡 가운데 가장 오래된 판본으로 알려져 있는 책을 구입했다. 이 판본은 여러 저명한 걸작의 후속 버전에 기반하여 그 가치를 인정

받고 있다. 알렉세이는 이 보물을 소유한 것에 만족하지 않고, 16세기 런던으로 돌아가 셰익스스태프에게 친필 사인을 받으려는 마음을 먹고 타임머신을 개발하는 데 막대한 돈을 투자했다. 그런데 알렉세이가 16세기 런던에 도착했을 때, 셰익스스태프라는 사람은 존재하지 않았다. 하지만 런던 시민들은 알렉세이가 들고 온 원고 속에 담긴 놀라운 희곡에 크게 감탄하게 되었으며, 앞다퉈 원고를 복사하고 배포하였고, 셰익스스태프를 역사 속에서 가장 유명한 극작가로 만들게 될 정도로 열광적인 반응을 보내기 시작했다. 이 시나리오에서는 누구도 문제의 희곡을 쓰지 않았으며, 이 희곡은 끝이 없지만 닫혀 있는 시간의 고리 속에 존재할 뿐이다. 하지만, 누구도 문제의 희곡을 쓰지 않았다면, 대체 이 희곡들은 어떻게 존재할 수 있다는 말인가?


## 부트스트랩

이와 같은 역설은 수많은 과학 소설이나 SF 영화에 등장해 사람들의 흥미를 이끄는 장치로 쓰인다. 예를 들어 〈백 투 더 퓨처〉에서는 시간 여행을 가능하게 하는 장비인 유동 콘덴서를 개발할 때, 브라운 박사가 영감을 얻은 것은 시간 여행을 가능하게 하는 유동 콘덴서를 어떻게 만드는지 듣고 난 다음이었다. 〈터미네이터〉에서, 스카이넷이 사이보그를 만들 수 있었던 것은 시간을 거슬러 올라가 사이보그의 조각들을 손에 넣었기 때문이었다. 이런 종류의 역설은 부트스트랩 역설로 잘 알려져 있다. 이 이름은 로버트 하인라인이 1941년 쓴 단편 소설 『그의 부트스트랩His Bootstraps』에서 나온 것이지만, 물리학자나 철학자들에게 이 문제는 존재론적 역설로 더 널리 알려져 있다. 이는 이 역설이 현존과 존재의 본질에 관한 것이기 때문이다.

존재론적 역설은 물리학자들에게 여러 이유에서 골칫거리를 안겨 준다. 비록 할아버지 역설과는 달리 시간의 흐름이 고리 또는 원형으로 이뤄진다는 점에서 시간 흐름의 일관성을 위협하지는 않더라도, 어떠한 원인도 없이 효과가 발생한다는 의미에서 이 역설은 인과성에 위배되는 것으로 보이기 때문이다. 이는 열역학 제2법칙, 또는 엔트로피의 법칙에 대한 심대한 위반이기도 하다(54쪽을 보라). 또한 아무것도 없는 곳에서 무언가가 결과로서 생성되기 때문이다. 엔트로피는 정보의 흐름에도 적용될 수 있으며, 따라서 셰익스스태프의 희곡과 같은 정보가 아무 것도 없는 곳에서 발생해 나올 수 있다는 귀결은 명확히 엔트로피의 법칙에 위배되는 것이다.

경고: 진행 과정에서의 엔트로피 위반

엔트로피는 우리 눈에 보이는 물리적 효과, 다시 말해 낡고 해지고 닳아 버리는 변화이기도 하다. 이번 사례에서, 자신의 발견 때문에 혼동에 빠지고 크게 실망한 알렉세이는 자신이 본래 있던 시간으로 돌아오면서 자신이 들고 갔던 판본을 과거에 남겨두고 왔다. 이 판본은 가격을 따질 수 없는 보물이 될 것이었다. 이 판본은 알렉세이가 구매할 때 외견상 400년 된 물건이었지만, 실제로는 무한대로 오래된 물건인데 이는 알렉세이가 이 판본을 16세기에 두고 온 다음 또다시 400년의 시간을 보내게 되었으며, 이러한 순환 과정을 시간의 고리를 따라 무한히 많이 겪었기 때문이다. 물론 이러한 과정은 물리적으로 파괴될 수 있는데, 판본 자체를 없애 버릴 경우 시간의 고리를 끊어 버릴 수 있기 때문이다.

노비코프의 자체 일관성 원리self-consistency principle는 이런 문제를 해결할 수 있는 한 가지 방법을 제안한다. 열역학 제2법칙에 따르면 닫힌 계의 엔트로피는 언제나 커진다. 하지만 문제의 판본은 더 큰 계의 일부분일 수 있기 때문에, 이 판본이 시간의 고리를 따라 순환할 때마다, 이 순환이 발생시킨 손상을 수리하기 위해 엔트로피가 커질 것이다. 하지만 이는 시간의 흐름을 지켜야 하기 때문에 우리 우주가 문제의 판본을 보존하기 위해 공모하는 것처럼 보이는 새로운 버전의 종조할아버지 역설(77쪽)로 이어질 것이다.


## 시간에 의한 보호

알렉세이가 두려워하는 라이벌 애서가인 로만이 19세기로 시간 여행을 떠나, 이 판본이 알렉세이의 손에 들어가지 못하게 막으려고 문제의 판본이 보존되어 있는 박물관에 불을 질러 버렸다고 가정해 보자. 우리는 이 판본이 알렉세이의 시대까지 보존되어 있다는 것을 알고 있기 때문에, 이러한 방식으로 문제의 판본이 파괴되는 것은 불가능한 일이어야만 한다. 그렇다면 어떻게 이 화마를 피할 수 있을까? 이 책 한 권을 보호하려고 있을 법하지 않은 일련의 사건을 가정해야만 하는 것일까?

다세계 이론, 또는 평행 우주 이론이 존재론적 역설을 해결할 수 있을지도 모른다. 이는 할아버지 역설을 이 이론이 해결하는 방식과 동일한 방법을 적용할 수 있기 때문이다. 알렉세이와 문제의 판본이 과거로 시간 여행을 할 때, 사실 이들이 다른 어떤 평행 우주로 이동한 것이라면 인과성과 엔트로피는 위배되지 않을지 모른다. 달리 말해, 알렉세이가 가지고 있던 희곡은 우주 A에서는 윌버트 셰익스스태프에 의해 서술된 것이지만, 알렉세이가 시간 여행을 통해 셰익스스태프가 없는 우주 B로 넘어 들어갔을 때는 알렉세이에 의해 "수입된" 것이다.

존재론적 역설의 또 다른 버전으로, 누적되는 관객 역설이 있다. 스티븐 호킹은 현재 시간 여행자가 없다는 사실이 시간 여행이 불가능하다는 증거라고 주장했다. 로버트 실버버그의 1969년작 과학 소설『과거를 향해(up to linc)』에서, 시간 여행 덕분에 예수가 십자가에 못 박히는 고난을 직접 보기 위해 미래에서 온 시간 관광객들의 수가 점점 늘어나 성지가 혼잡에 시달리게 되는 장면을 묘사하기도 했다. 또한 우리는 몇 분 뒤로 점프하여 타임머신이 있는 방 안에 있는 사람들을 모은 다음 다시 원래 시간대로 돌아오는 과정을 반복하여 방 안에 있는 사람의 수를 두 배로 불리는 경우에 대해서도 상상해 볼 수 있다. 이들 새로운 사람들은 대체 어디에서 온 것인가? 여기서도, 당신이 평행 우주 사이를 넘나들었거나 각각의 점프마다 대안적인 시간 흐름을 넘나든 것이 아니라면, 시간 흐름의 연속성이 성립하지 않기 때문에 엔트로피 법칙이 위배된 것이다.

# 슈뢰딩거의 고양이

(1935)

아원자 입자의 위치가 관찰에 앞서 결정될 수 없다면, 고양이의 운명 또한 미결정 상태인 것인가?

양자역학의 영향은 최소한 아인슈타인의 상대성 이론이 가진 놀랍고도 반$_{反}$직관적인 귀결을 통해 그 존재가 입증됐다. 베르너 하이젠베르크의 불확실성 원리는 전자 같은 아원자 입자의 운동량과 위치를 동시에 아는 것이 불가능함을, 다시 말해 물리적 실재의 특정한 측면은 미결정 상태에 있음을 보여 주었다. 이 측면들은 단순히 우리에게 알려질 수 없을 뿐 아니라 결정되어 있지도 않다. 이들은 문자 그대로 어떤 하나의 상태에 있는 것도 아니고, 다른 상태에 있는 것도 아니다. 이러한 발견은 과학에 대한 한 가지 기본적인 생각에 심대한 도전을 불러왔다. 이 생각의 내용은 이렇다. 우리 우주는 결정론적$_{deterministic}$이다. 따라서 우리 우주가 어떻게 작동하는지 하는 문제 역시 궁극적으로 알 수 있는 대상이기 때문에 우리는 그것을 발견해 낼 수 있을 것이다. 결국 하이젠베르크의 불확실성(또는 미결정성) 원리는 라플라스의 악마(과거에 대한 모든 정보를 가지고 있으며 이를 바탕으로 미래를 예측할 수 있는 가설적 실체. 41쪽을 보라)의 심장에 말뚝을 박은 셈이다.

## 코펜하겐 해석

닐스 보어는 이러한 불확정성 원리를 좀 더 넓은 인식론(지식의 본성과 한계에 대한 연구)적 맥락에 결합시켰다. 그의 이러한 시도는 양자 역학에 대한 코펜하겐 해석으로 알려져 있다. 물질은 파동과 입자 모두로 만들어져 있으며, 한편에 대해 더 많은 것을 알게 되면 다른 한편에 대해서 알고 있는 것이 감소하게 된다. 입자를 파동처럼 기술하면 일종의 역설이 일어나게 되는데, 이는 파동은 한 번에 두 가지 형태로, 다시 말해 중첩 형태로 존재할 수 있기 때문이다. 바다 표면에서 출렁거리는 물결을 생각해 보라.

이런 방식으로 입자를 기술하는 것은 반직관적이다. 예를 들어, 어떤 입자의 방사성 붕괴에 대해 이야기한다고 생각해 보자. 이 입자는 붕괴할 수 있거나 붕괴하지 않을 수 있으며, 통상 우리는 이 입자가 반드시 붕괴한다거나 아니면 붕괴하지 않을 것이라고 말하게 될 것이다. 하지만 이른바 '파동 함수'로 알려져 있는 방사성 붕괴에 대한 수학적 서술은 두 결과의 중첩superposition을 포함하고 있다. 이는 결정할 수 있는 모든 것은 붕괴할 확률, 또는 붕괴하지 않을 확률뿐이기 때문이다. 코펜하겐 해석에 따르면, 결과를 결정할 유일한 방법은 관찰이다. 관찰 행위 그 자체가 본성에 따라 파동 함수를 붕괴시키고 정해진 답을 내놓게 만든다. 이는 객관적 실재와 같은 것은 없다는 뜻이다. 실재는 그것을 관찰하기 전에는 결정되어 있지 않다.

## 슈뢰딩거의 잔인한 장치

이러한 해석에 대응하여, 오스트리아의 물리학자 에르빈 슈뢰딩거는 아마도 과학에서 가장 유명한 사고실험을 제안하게 된다. 1935년, 저명한 학술지 《자연과학Naturwissenschaften》에 수록한 논문에서, 슈뢰딩거는 코펜하겐 해석이 "매우 이상한 귀결"을 함축한다고 지적하면서 다음과 같이 말했다.

강철 통에 가둬 놓은 고양이가 한 마리 있다고 해 보자. 이 통 옆에는 다음과 같은 잔인한 장치가 달려 있다(고양이가 이 기기를 건드리지 못하도록 하는 장치가 반드시 달려 있어야 할 것이다). 가이거 계수기 내에, 한 시간 뒤면 원자 하나가 붕괴할 수도 있지만 동등한 확률로 붕괴하지 않을 수도 있을 만큼의 미량의 방사성 물질을 집어넣는다. 만일 원자가 붕괴하면, 계수기의 튜브가 열리고 이를 통해 망치가 하나 나와 청산이 들어 있는 작은 플라스크를 부수게 된다. 이러한 전체 시스템이 한 시간 동안 작동하도록 두었다고 해 보자. 단 하나의 원자도 붕괴하지 않았다면, 고양이가 아직 살아 있다고 말할 수 있을 것이다.

## 동등한 비율로 뒤섞인

양자적 불확정성에 따르면, 방사성 원자 가운데 하나가 한 시간 내로 붕괴할 확률은 50퍼센트다. 그리고 이는 곧 고양이가 죽을 확률이기도 하다. "첫 번째 원자 붕괴는 고양이에게 독가스를 선사할 것이다." 슈뢰딩거는 "본래 원자 규모의 영역에 제한되어 있던 미결정성"을 "직접 관찰", 다시 말해 무언가를 보거나 만져서 "해결할 수 있는 거시적 미결정성"과 연결시켰다. 양자적 미결정성을 이해하기 전에, 상황은 이랬다. 문제의 고양이가 죽었는지 살았는지는 확실하게 말할 수 있으며, 확인하기 전에 그것을 알 수 없을 뿐이다. 하지만 코펜하겐 해석에 따르면, 이 고양이는 문자 그대로 동시에 살아 있거나 죽어 있는 것이다. 슈뢰딩거는 이렇게 말한다. 파동 함수가 이러한 고양이 시스템을 기술한다면, "이 시스템은 이렇게 살아 있거나 죽어 있는 고양이를 동등한 비율로 뒤섞어 놓은 상태로 표현할 수 있다." 그가 상자를 열고 내부를 살펴볼 때까지, 파동 함수는 어떤 한 상태로 붕괴하지 않을 것이다.

## 위그너의 친구

슈뢰딩거의 고양이 역설은 물리학자 유진 위그너에 의해 '위그너의 친구'라는 이름으로 확장되었다. 비록 위그너가 상자를 열고 파동 함수를 붕괴시켰다고 해도 방이 봉쇄되어 있기 때문에 위그너의 친구가 밖에서 열기 전까지는 여전히 중첩이 유지된다는 것이 이 역설의 골자다. 하이젠베르크가 관찰했듯 "파동 함수는 부분적으로는 사실을, 부분적으로는 사실에 대한 우리의 지식을 표현한다." 이러한 "양자적 미결정성" 또는 관찰자의 역설은 무한히 계속될 수 있다.

이러한 역설로부터, 위그너의 존재가 친구에 의한 관찰 행동에 의존한다는 함축을 품고 있다는 주장을 할 수도 있다. 다시 말해, 친구가 오기 전까지 위그너가 죽은 고양이를 위해 슬퍼하고 있거나, 살아 있는 고양이와 놀고 있는 두 상태 사이의 중첩 상태에 있다고 주장할 수 있다. 하지만 이런 역설은 다음과 같은 질문을 불러온다. 첫 번째 관찰자가 진화하기 이전에 우주에서는 대체 무슨 일이 일어났던 것일까? 모든 것이 모순적인 상태들의 미결정적 중첩 상태로 존재했던 것일까?

또 다른 흥미로운 지점이 있다. 비록 고양이의 운명에 대해 기술하는 친구의 파동 함수가 그가 방에 들어올 때까지는 아직 붕괴하지 않은 채로 남아 있다고는 해도, 친구의 파동 함수는 위그너의 파동 함수, 또는 위그너가 본 것과는 다르지만 그가 보게 될 무언가와 동일한 방식으로 붕괴하게 될 것이라는 사실이다. 중첩이 붕괴할 때, 이는 모든 관찰자에게 동일한 방식으로 붕괴한다.

## 결깨짐

미결정성 역설은 결깨짐decoherence이라는 이름으로 알려져 있는 현상을 통해 해결될 수 있다. 이 현상은 어떤 계의 양자역학적 상태가 환경과의 상호작용을 통해 변화하는 현상을 말한다. 고립된 아원자 입자는 미결 상태indeterminacy에 있을 수 있다. 하지만 더 많은 입자들이 계를 형성하고 있을 경우, 계의 상태를 결정하게 될 상호작용의 확률은 더 커지게 된다. 결깨짐은 왜 대규모 계, 예를 들어 인간이나 고양이, 또는 무엇이 되었든 원자보다 큰 계가 양자 규모에서 볼 수 있는 종류의 이상한 현상을 일으키지 않는지 설명한다. 양자 규모에서라면 입자들은 장벽을 "통과"할 수 있으며, 잠깐 존재했다가 사라질 수 있고, 빛보다 빠른 속도로 정보를 교환할 수도 있다. 그렇지만 더 큰 계에서는 그렇지 않다. 결국, 아마도 결깨짐이 슈뢰딩거의 고양이가 중첩 상태에 있지 못하게, 다시 말해 살아 있으면서 죽어 있는 상태로 있지 못하게 만들 것이며, 역설로부터 고양이를 구할 수 있을 것이다.

심신 문제란 의식이라는 형이상학적 영역이 두뇌와 신체라는 물리적 영역으로부터 어떻게 발생하고 상호작용하느냐는 쟁점을 말한다. 이 쟁점을 논할 때 철학은 심리학 속으로 스며들고 언어와 뒤얽힌다. 이 사상적으로 비옥한 토양은 수많은 유명한 사고실험이 싹트는 배경이 되었다. 상상은 자연스럽게 정신적인 것의 개념을 시험해 볼 최적의 기반이 되었다.

# Part II

# 마음은 어떻게 작동하는가

# 라이프니츠의 방앗간

(1718)

> 만일 생각하는 기계가 그 크기가 공장 또는 방앗간만큼 거대해진다면, 당신이 그 안으로 걸어 들어갈 수 있다면, 당신은 대체 무엇으로 사유 또는 의식을 설명할 수 있을까?

박식한 독일인 고트프리트 빌헬름 폰 라이프니츠는 이원론자였다. 이 말은, 그가 물질의 영역과 마음의 영역이 서로 분리되어 있으며 판명하게distinct[*] 다르다고 믿었다는 뜻이다. 그는 물리적 세계(몸과 두뇌의 작동을 포함하는)를 이해할 가능성과 심적 세계, 예를 들어 지각perception이라는 단어를 써서 언급하기도 한 생각과 의식을 이해할 가능성 사이에 넘을 수 없는 간극이 있다고 주장했다.

---

[*] 데카르트 이래 철학에서 쓰이는 전문 용어로 다른 관념과 명확히 구별되는 관념을 나타내는 형용사다. 경계가 흐릿하여 서로 뒤섞여 있는 두 관념 사이에는 이 말을 적용해서는 안 된다. 반대말은 혼동된(confused)이 대응하는 경우가 많다.

라이프니츠의 가장 유명한 논증 가운데 하나는, 건물의 크기만큼 그 덩치가 큰 가설적인 생각 기계를 사용하는 사고 실험의 형태로 제시되었다. 지금이야 이 유비를 컴퓨터 같은 것으로 쉽게 만들 수 있겠지만, 18세기 초반의 적절한 대조물은 방앗간이었다. 1718년에 나온 저술 『모나드론La monadologie』에서, 라이프니츠는 이렇게 썼다.

지각과 그에 의존하는 것들은 역학적 근거를 통해서는, 다시 말해 모양·크기·운동을 통해서는 설명할 수 없다. 생각하고, 느끼며, 지각하도록 구성된 기계가 하나 있다고 생각해 보자. 이 기계를 부분 사이의 비율을 유지한 채로 확대하여, 마치 방앗간 안처럼 우리가 그 속에 들어갈 수 있는 상황을 상상해 볼 수 있다.…이 기계의 내부를 조사해 보면, 우리는 오직 서로 맞물려 돌아가고 있는 부품들만을 찾아낼 수 있을 것이고, 지각을 설명할 수 있는 것은 아무 것도 찾아낼 수 없을 것이다.[*]

오늘날 라이프니츠의 방앗간이라는 이름으로 널리 알려져 있는 이 사고실험은 다른 지면에서도 사용되었다. 1702년에 동료 철학자 피에르 벨에게 보낸 편지에서, 라이프니츠는 이렇게 썼다.

---

[*] 빌헬름 폰 라이프니츠, 『모나드론』, 배선복 옮김, 책세상, 2007. 17절 참조.

나는 시계, 또는 방앗간의 모든 구성 부품을 눈으로 볼 수 있는 경우에도…지각의 원천을 찾아낼 수 있을 것이라고는 생각하지 않네. 특히 방앗간의 경우 우리가 바퀴 사이를 걸어 다니면서 무엇이 있는지 하나하나 세심하게 살펴볼 수 있음에도 그렇지. 방앗간과 다른 정밀 기계의 차이는 다만 그 크기에 있을 뿐일세. 우리는 어떤 기계가 지상에서 가장 놀라운 결과물을 산출할 수 있는 이유를 이해할 수는 있지만, 이들 기계가 대체 어떤 식으로 지각할지는 결코 이해할 수 없지.

## 생각하는 존재

『인간 오성에 관한 새로운 시론』(1704년 집필, 1765년 출간)에서, 라이프니츠는 방앗간 논증의 세 번째 버전을 제시한다. "감각 능력과 생각은 시계나 방앗간처럼 기계적인 것이 아니다. 누구도 모양, 형태, 운동을 기계적으로 조합해서 어떤 생각이나 감각을 만들어 낼 수 있다고 생각할 수는 없다."

라이프니츠의 방앗간은 마음과 물질이 같은 영역에 속해 있고, 의식이 두뇌의 물질적 과정의 산물임이 분명하다는 유물론적 입장을 논박하기 위한 시도다. 라이프니츠는 오늘날 기계 지능이라고 불리는 영역의 개척자로, 1670년대에 이미 정교한 계산 장치를 만들어 내서 널리 명성을 떨쳤다. 그러나 여기서 알아두어야 할 것은 기계는 생각할 수 없다는 그의 주장뿐 아니라, 물질적 두뇌 그 자체는 생각할 수 없다는 이원론적 견해, 곧 생각은 비물질적인 마음이나 영혼에 의존한다는 주장을 포함한다.

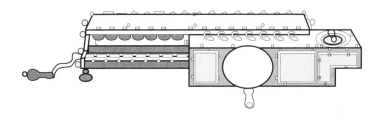

라이프니츠의 계산기: 초창기 계산 기계

## 잘못된 층위를 살펴보다

이 논증은 불가해성에 호소해 주장을 정당화하고 있을 뿐이라고 의심을 제기할 수 있다. 우리가 기계가 생각하는 원리를 설명할 수 없으므로 기계는 생각할 수 없다는 것이 이 논증의 골자다. 아마도 이 논증은, 그와 같은 기계에 대한 이해가 불완전하다는 사실 이외에는 아무 것도 보여 주지 않을 것이다. 미국의 철학자 리처드 로티는 이렇게 지적한다. "우리가 공장을 그 구성 부분과 그것들 사이의 관계에 대해 먼저 배우지 않은 채 견학하고 있다고 해 보자. 당신은 아마도 거기서 무슨 일이 일어나고 있는지 알아차릴 수 없을 것이다." 미국의 철학자 존 설은 방앗간 논증이 방앗간 내부를 배회하고 있는 라이프니츠의 가설적 관찰자가 전적으로 잘못된 곳을 바라보고 있기 때문에 실패했다고 주장한다. "[방 앗간 내에서] 그는 잘못된 층위의 시스템을 보고 있었을지 도 모른다." 기계 장치가 어떻게 의식을 생성하는지 이해하려면 시스템의 구성 부분을 따로따로 살펴보는 것이 아니라 반드시 시스템의 복잡성을 총괄적으로 살펴보아야만 한다.

### 통일성

폴 로지와 마크 보브로는 앞선 반론들이 라이프니츠의 논증이 가진 참된 본성을 잘못 이해했기 때문에 벌어진 것이라고 생각한다. 그들은 이 논증이 '지각'(즉 의식)이, 라이프니츠의 표현에 따르면 "통일성 속 다중에 대한 표상"에 의존한다는 그의 믿음에 의존한다고 본다. 이들은 "라이프니츠의 기계는 부품으로 이뤄져 있으며, 그 기계적 속성은 다름 아닌 이들 부품 사이의 관계를 표현하는 것"이라고 주장한다. "따라서, 이들 기계의 부분은, 어떤 지각자의 불가분적 통일성을 결코 해명할 수 없으며, 또한…그와 같은 통일성의 현존에 필요한 지각도 해명하지 못한다."

유기적 두뇌와 의식 사이의 불가해한 연결을 해명하려는 여러 세기에 걸친 연구는, 두뇌는 생각할 수 없다는 라이프니츠의 주장에 대해 특정한 방식의 경험적 반박을 제공해주었다. 하지만 라이프니츠의 방앗간 사고실험에는 여러 현대적 버전이 있으며, 퀄리아qualia,* 그리고 의식에 대한 철학적 논쟁 안에서 그 흔적을 엿볼 수 있다. 이러한 논쟁은 중국어 방(121쪽), 색깔 과학자 메리(131쪽), 박쥐가 된다는 것은 대체 무엇과 같은가?(116쪽) 등의 사고실험과 뒤얽혀 있다.

* 개인적 · 주관적 의식 경험

# 잃어버린 대학교

(1949)

당신은 옥스퍼드 대학교를 탐방 중이다. 여러 단과대학, 도서관, 실험실을 둘러본 당신은 이렇게 묻는다. "대학은 대체 어디 있는 거야?" 이때 당신은 일종의 범주 오류를 범하고 있다.

1949년, 영국의 철학자 길버트 라일은 자신이 데카르트의 심신 이원론의 관짝에 마지막 못질을 했다고 믿었다. 그는 저서 『마음의 개념The Concept of Mind』에서 이원론을 데카르트의 신화라고 보았으며 데카르트의 비물질적 마음을 "기계 속의 유령"이라고 불렀다. 라일은 데카르트가 과학이 가지고 온 새로운 유형의 위엄에 굴복했으며, 이로 인해 갈릴레오나 다른 사람들이 제기한 기계론적 세계관을 받아들이는 한편 여기에 심신 문제를 적용하는 실수를 범하게 되었다고 주장한다. 라일은 이런 실수는 통상적인 또는 흔히 있는 오류가 아니라 범주 오류로 본다.

## 범주 오류

라일은 "범주 오류"라는 말로 무엇을 지적하는지 설명하기 위해, "잃어버린 대학교"로 잘 알려진 비유를 사용한다.

한 외국인이 처음으로 옥스포드, 또는 케임브리지에 가서 수많은 단과 대학, 도서관, 운동장, 박물관, 과학 연구소, 행정 건물을 보았다. 그 다음 그는 이렇게 되물었다. "그런데 대학교는 대체 어디에 있는 겁니까? 나는 여러 단과대학 구성원들이 활동하고, 행정 직원들이 일하고, 과학자들이 실험하는 많은 건물들을 보았습니다. 하지만 저는 아직 대학교라는 건 보지 못했습니다."

이 외국인은 "대학교"를 "단과대학", "도서관" 등과 동일한 범주로 간주하는 실수를 범했다. 라일은 이렇게 말한다. "한 어린아이가 어떤 사단이 행진하는 것을 구경하고 있다. 이 아이가 보병 대대, 포병 대대, 기병 대대를 하나하나 가리킨 다음, 대체 사단은 언제 지나가느냐고 묻는다면, 이때 이 아이도 똑같은 실수를 범한 셈이다."

비트겐슈타인의 주장에 따라, 라일은 많은 철학적 난제가 우리의 언어에서 기인했다고 믿었다. 그는 자신을 "일상 언어 철학자"라고 불렀다. 그는 자신의 사례를 통해 기술된

---

*   길버트 라일, 『마음의 개념』, 이한우 옮김, 문예출판사, 1994. 20~28쪽 참조.

범주 오류는 "어떤 개념을 사용하는 방법을 모르는 사람들에 의해 빚어진 것이다.…이러한 혼란은 문제의 영어 어휘가 나타내는 개념들을 제대로 사용하지 못하는 무능에서 기인한다."

## 파괴적인 목표

라일이 말하는 자신의 "파괴적인 목표"는 그가 "이원적 삶 이론double-life theory"이라고 부르는 입장(즉 마음과 몸에 대한 이원론적 이론. "인격을 기계 속의 유령으로 묘사하는 것")에 의해 만들어진 명백한 "난제"가 허상이며, "근본적인 범주 오류들의 가족"이 나타나게 하는 원천임을 보여 주려고 했다. 데카르트와 같은 이원론자들은 마음에 대한 설명을 몸에 대한 새롭고 기계론적인 설명과 동일한 언어를 사용하여 제공해야 한다는 함정에 빠져 있었다.

우리의 외국인이 대학교를 단과대학과 유사하지만 상당히 다른 별도의 커다란 건물로 예상했던 것과 같이, 마음을 기계론적으로 나타내는 데 반대했던 사람들 역시 마음을…기계와 유사하지만 동시에 기계와는 상당히 다른 무언가로 나타내고자 했다. 이들의 이론은 뒤집어진 기계론적 가설인 셈이다.

라일은 계속해서 이렇게 주장한다. 이로 인해 이원론자들은 나무에서 목재를 찾는 실수를 범하고 있다. 마음이 몸이나 다른 기계론적 개념들과는 다른 범주에 속한다고 주장함으로서, 이원론자들은 마치 다음과 같이 말할 때 범하게 되는 잘못된 이원론에 빠지는 듯하다. "그는 왼손 장갑과 오른손 장갑을 샀거나, 장갑 한 쌍을 샀다(둘 다 하지는 않았다)." "소수의 존재와 수요일의 존재가" 같은 범주에 속한다고 말하는 것이 범주 오류인 것처럼 "마음과 몸은 함께 존재한다."라고 말하는 것도 범주 오류다.

마음은 몸과 같은 범주에 속하지 않기 때문에 마음을 두뇌와 동일한 것이라고 보거나, 비물질적인 "기계 속의 유령"으로 보는 잘못된 이분법을 받아들여야 할 필요는 없다. 두뇌 기능을 시각, 기억, 감정과 같은 특정한 심적 과정이나 현상과 연결시키는 것은 가능할지도 모르지만, 이들을 "마음"과 동일시할 수 있는 결론이 도출되지는 않는다. 대학교가 단과대학이나 도서관과 같은 종류의 대상이 아닌 것과 마찬가지로, 마음 역시 그것을 구성하는 기능과 같은 종류의 대상이 아니다.

## 문제의 해소?

라일은 자신의 분석이 심신 문제를 해소했다고 생각했다. 비록 그의 상식적인 설명이 의식을 설득력 있게 다루고 있는지가 의구심으로 남기는 하지만, 몇몇 학자들 역시 라일이 비물질적 마음의 개념을 제거하는 업적을 세웠다고 보았다. 궁극적으로, 라일의 작업은 마음과 표상에 대한 새롭고 흥미로운 이론들을 이끌어 내는 데 도움이 되었다. 중국어 방 문제(121쪽), 박쥐가 된다는 것은 대체 무엇과 같은가?(116쪽), 색깔 과학자 메리(131쪽), 철학적 좀비(135쪽) 등이 그것이다. 이 이론들은 심신 문제에 대한 이해를 심화시키는 데 크게 기여했다.

## 튜링의 이미테이션 게임

〈1950〉

**만일 기계 지능과 인간 지능 사이의 차이를 이야기할 수 없다면, 둘 사이에 차이가 있기는 한 것일까?**

제2차 세계대전 시기, 연합군은 추축군의 암호를 해독하기 위해 컴퓨터 이론과 기술을 개발했다. 이 흥미진진한 분야의 최전선에는 영국의 수학자 앨런 튜링이 있었다. 그는 컴퓨터 과학을 넘어 인공지능Artificial Intelligence, AI이라는 용어가 만들어지기에 앞서 이미 컴퓨터를 인간의 인지 능력과 비교하는 과업에도 깊은 관심을 기울이고 있었다.

### 기계는 생각할 수 있는가?

1950년 학술지 《마인드Mind》에 실린 논문 "계산 기계와 지능Computing Machinery and Intelligence"에서 튜링은 "기계는 생각할 수 있는가?"라는 질문을 "논의하는 것이 너무나도 무의미하다"라고 규정한 바 있다. 튜링은 진정한 질문은 이런 식이어야만 한다고 말한다. "만일 어떤 컴퓨터가 생각할 수 있다면, 우리는 그것을 어떻게 알 수 있는가?" 만일 어떤 기계가 지능을 가진 것으로 보인다면, 아마도 이 기계는 지능이 있는 것으로 판정되어야만 할 것이다. 그는 한 가지 게임에 기반한 사고실험, 즉 모방imitation 게임을 제안했다. 이 게임은 글씨로 써 있는 질문에 한 쌍의 남녀가 답변하는 형식으로 이뤄져 있다. 여기서 남자는 여자가 내놓은 답변을 '모방'하려고 시도하는 역할을 한다. 질문자는 두 명 가운데 누가 자신이 전해 준 글씨에만 기반하여 답하고 있는지 밝혀내야 한다.

튜링 테스트에서는 성의 구분이 인간과 인공지능의 구분으로 대체된다. 그리고 기계 지능은 인간과 함께 자연어로 쓰인 광범위한 질문에 답변해야 한다. 튜링은 대다수의 인간이 대화 상대자가 인간인지 인공지능인지를 구별할 수 없다면, 문제의 기계가 어떤 의미에서는 지능이 있다고 간주해야만 한다고 보았다. 튜링은 대략 2000년경에는 질문에 답할 수 있는 능력을 가진 기계 지능이 존재할 것이며, "따라서 평균적인 대화 참여자들이 5분간의 질문 공세를 통해 어느 편이 기계인지를 정확하게 식별할 확률은 70퍼센트를 넘지 못할 것"이라고 생각했다. 하지만 인공지능의 미래에 대한 대부분의 주장처럼, 이 예언 역시 실현되지는 못했다.

튜링의 사고실험은 현실이 되었다. 1991년, 휴 뢰브너는 케임브리지 행동연구센터와 함께 뢰브너 상을 만들었다. 이 상은 튜링 테스트의 한 버전을 통과하는 컴퓨터 프로그램에게 10만 달러의 상금과 금메달을 수여한다. 하지만 이 상은 여전히 수상 대상자를 찾지 못하고 있다. 채팅봇처럼 점점 더 정교하게 작동하는 프로그램이 나타나 대화 능력이 점점 더 향상되고 있음에도 그렇다.

2014년, 유진 구스트만Eugene Goostman이라는 이름의 채팅봇이 튜링 테스트를 통과했다는(비록 뢰브너 상을 수상하지는 못했지만) 사실이 떠들썩하게 보도되었다. 이 프로그램은 입력된 응답과 13세 우크라이나인 소년의 불완전한 영어를 흉내 내는 것이었다. 또한 이 프로그램은 튜링 테스트의 조건을 우회하는 "속임수"(즉 채팅봇이 보여 준 실수는 13세 소년이 제2언어로 대답하고 있다는 점을 감안해 양해해 달라고 할 수 있었음)를 썼다는 점 때문에 낮게 평가됐다. 그럼에도 '유진'은 오직 30퍼센트의 심판만을 속였을 뿐이다. 게다가 이 채팅봇이 인간 참여자가 제시한 단어를 조합하는 데 사용한 함수를 간략히 조사하자, 조셉 와이젠바움이 1960년대 중반에 개발했으며 가장 널리 알려진 채팅봇인 일라이자ELIZA와 유진이 거의 다르지 않았다는 점 또한 드러났다.

닥터라는 이름으로 구현된 일라이자는 몇 가지 진술에 질문으로 대답하는 방식으로 칼 로저스의 (인간 중심) 심리 치료사Rogerian psychotherapist를 모방하는 인공지능이다. 이런 진술이 입력되었다고 해 보자. "당신 참 짜증스럽군." 닥터는 이렇게 말할 것이다. "내가 왜 당신을 짜증스럽게 했죠?" 와이젠바움은 많은 사람들이 마치 닥터가 실제 치료사인 것처럼 의사소통을 계속하며, 심지어는 그것이 단순한 프로그램이라는 점을 알고 나서도 그렇게 한다는 사실을 발견하고 흥미로워했다. 연구를 통해, 엘리자와의 대화가 실제 심리 치료사와의 대화와 마찬가지로 실질적인 도움이 되었다는 점또한 밝혀낼 수 있었다.

이러한 튜링 테스트에 대한 한 가지 비판으로, 기계 의식이라는 쟁점에 답하지 않았다는 비판을 꼽을 수 있을 것이다. 다시 말해, 시험 중인 인공지능이 어떤 수준에서든 주관적 경험을 하고 있는지, 또는 많은 사람들에게 지능의 핵심 측면으로 간주되고 있는 "기호 접지symbol grounding" 능력이라고 알려진 의미론적 이해력을 가지고 있느냐는 문제에 답하지 않았다는 비판이 제기될 수 있다. 튜링 테스트를 받고 있는 인공지능은 설의 중국어 방 사고실험의 아주 간단한 버전일 수 있다(121쪽).

튜링 테스트의 성공을 순전히 성공 또는 실패라는 두 갈래의 선택지만으로 판정해야 하는지도 의문이다. 인지 과학자 로버트 프렌치는 이렇게 질문한다. 성공의 수준을 상정하는 것이 더 유의미하지 않은가? 단 5분만에 인간 심문자에게 발각되는 프로그램보다는 한 시간 정도 심문에 견디는 프로그램이 인간을 더 잘 속일 수 있는 것이 아닌가? 또한 그는 의문하길, 튜링 테스트는 인간과 같이 체화된embodied 의식 경험을 하지 못하는 기계 지능에게는 넘을 수 없는 벽일 것이다. 컴퓨터 입장에서는 그와 같은 경험 속에 녹아 있는 맥락과 의미를 모의하기 위해 투쟁해야만 한다. 예를 들어, 인공지능은 다음과 같은 질문에 어떻게 응답해야 하는지 결코 배울 수 없을지도 모른다. "한 모금의 차가운 탄산수는 당신의 발에 핀과 바늘을 꽂은 것처럼 짜릿한 느낌을 주는가, 아니면 머리 위에 찬물을 뒤집어쓴 듯한 짜릿함을 주는가?"

# 상자 속의 딱정벌레

(1953)

> 만일 우리 모두가 각자 상자 안에 딱정벌레를 한 마리씩 가지고 있지만, 다른 사람의 딱정벌레를 본 적도 없고 자신의 딱정벌레를 말한 적도 없다고 해 보자. 그렇다면 '딱정벌레'라는 말의 뜻은 대체 무엇인가?

오스트리아 태생으로 영국에서 활동한 철학자 루트비히 비트겐슈타인은 자신이 "사적 언어"라고 부른 대상에 대해 격언의 형식을 띤 논증을 제시했다. 비트겐슈타인은 언어는 그 사용에 의해 맥락화되지 않는 이상 이해할 수 없다고 믿었으며, 언어에 대한 "공동체적 관점"(다른 방식으로도 해석될 수 있는 의견을 남겼지만)을 옹호한 것으로 보인다. 이러한 관점에 따르면, 언어는 화자 사이에서 의미를 놓고 벌어지는 상호작용에서 유래하는 것이며, 이러한 상호작용은 비트겐슈타인이 "언어 게임"이라고 부르는 규칙을 따른다.

## 사적 언어

이러한 논증의 일부분으로 비트겐슈타인은 '내적 경험'을 기술하는 말로 이뤄져 있으며 순수하게 사적이고 비밀스러운 용도로만 사용되는 사적 언어의 존재를 상정한다. 그런 다음, 그는 그러한 언어는 있을 수 없다고 논증한다. 그 핵심은 다음과 같은 말은 비정합적이기 때문이다.

사적 체험에 본질적인 것은, 사실 각각의 사람들이 자신의 견본을 보유하고 있다는 것이 아니다. 오히려, 다른 사람 역시 그와 같은 견본을 보유하고 있다는 사실을 누구도 알지 못하는 것이 가장 중요하다. 그러니까 인류 가운데 한 무리는 붉은 색에 대해 이러저러한 감각을 가지고, 다른 무리는 다른 종류의 감각을 가지고 있는 상황은—입증할 수는 없으나—충분히 가능하다.*

비트겐슈타인이 논의에 자주 등장시키는 대표적인 감각은 '고통'이다. 고통은 분명 개인적인 의미를 가진 것처럼 보인다. 하지만, 누군가가 나와 똑같은 뜻으로 이 말을 사용하고 있는지 우리는 어떻게 알 수 있는가? 그의 지적을 이해하기 위해서는, 그의 사후에 출간된 저술인『철학적 탐구』에 수록된 사고실험인 상자 속의 딱정벌레를 살펴보아야 한다.

---

* 루트비히 비트겐슈타인,『철학적 탐구』, 이영철 옮김, 책세상, 2006. 272절 참조.

모든 사람들이 상자 안에 무언가를 가지고 있고, 누구도 다른 사람들의 상자 안쪽을 살펴본 적 없으며, 또 모든 사람들이 딱정벌레가 무엇인지를 자신의 딱정벌레를 살펴보는 방법으로만 알 수 있다고 주장한다고 가정해 보자. ─이런 상황에서, 사람들이 자신의 박스를 살펴보는 데 어려움에 처할 가능성은 상당히 높다. 사람들은 그와 같은 무언가가 항상 변화한다고 상상할지도 모른다. ─이런 사람들의 언어 속에서, '딱정벌레'라는 단어가 무언가 용법을 가질 것이라고 생각할 수 있을까? ─만일 그렇다면, 이 단어는 어떤 대상의 이름으로 사용된 것이 아니다. 상자 안에 있는 그것은 이들의 언어 게임 속에서 어떠한 역할도 하지 않는다. 정말로 그 속에 무언가 들어 있다고 해도 그렇다. 이는 상자가 텅 비어 있을지도 모르기 때문이다.[*]

비트겐슈타인은 '딱정벌레'라는 단어가 순전히 사적 의미를 가질 수 있음을 부인했다. ─실제로 박스 안에 들어 있는 것은 '딱정벌레'라는 단어의 의미로 부적절하다. 그는 자신의 취지를 일종의 수리 논리를 활용해 증명하기도 했다.

아니다. 누구나 박스 내부의 대상을 '약분'할 수 있다. 그리고 무엇이 되었든, 그것은 상쇄되어 없어져 버린다. 다시 말해, 만일 감각을 표현하는 문법이 '대상과 그에 대한 명칭'이라는 틀에 따라 구성된다면, 그와 같은 대상들은 부적절한 것으로 간주되어 우리의 고찰에서 배제될

---

[*]  같은 책, 293절 참조.

것이다. 남아 있는 모든 것은 '공적 단어'이다.

## 언어와 행동주의

분명, 비트겐슈타인은 마음과 상자 사이의 유비를 사용하고 있다. 우리가 다른 사람들의 상자 내부에 무엇이 들어 있는지 알 수 없는 것과 마찬가지로, 우리는 다른 사람들의 마음속을 알 수 없으며, 따라서 다른 사람들이 어떤 감각을 특정 단어를 사용하여 지시할 때 그들이 무슨 의미로 그렇게 하는지 역시 알 수 없다. 비록 비트겐슈타인이 행동주의를 전적으로 따르지는 않았다 하더라도, 비트겐슈타인의 논증은 때때로 행동주의를 지지하는 것으로 해석되는 경우가 많았다. 여기서 행동주의란, 마음을 일종의 '블랙박스'로 간주하는 입장을 말한다. 심적 과정의 내부를 이해하는 것은 불가능하며, 우리는 오직 사람들의 행동으로부터 심리학을 이끌어 낼 수 있을 뿐이다. 행동주의자들에게, 심리학과 행동 사이의 구분은 존재하지 않는다.

따라서 비트겐슈타인은 '고통' 같은 단어는 그 단어가 연관된 행동으로부터 그 의미를 얻게 된다고 주장했다.

* 같은 책, 293절 참조.

낱말들은 감각의 가장 일차적이고, 자연스러운 표현과 결합되며, 본래의 표현 대신 사용되게 된다. 어린이가 다쳐서 울부짖는다. 이것을 본 성인은 아이에게 감탄사를, 나중에는 문장을 알려 줄 수 있다. 성인들은 아이들에게 새로운 고통 행동을 가르친다.[*]

## 언어 게임

언어는 우리 모두가 수행하는 일종의 게임이다. 여기서 우리는 그 규칙에 묵시적으로 동의하고 있으며, 행동 유형으로부터 단어에 의미를 부여함으로써 공동체로서 행위를 지속한다. "결국 나는 사람들 사이의 일치가 무엇이 참이며, 무엇이 거짓인지 결정한다고 말하고 있는 것인가? 사람들이 말하는 것은 참이거나 거짓이다. 그리고 언어에서 사람들은 일치한다. 이것은 의견 사이의 일치가 아니며, 삶의 양식 사이의 일치다."[**]

비트겐슈타인의 딱정벌레는 또한 의식의 철학Philosophy of consciousness에서 쟁점이 되고 있는 여러 문제와도 연결되어 있다. 이는 특히 퀄리아 문제, 다시 말해 개인적이고 주관적인 경험, 그리고 마음이 겪는 질적 측면을 어떻게 보아야 하느

---

[*]   같은 책, 244절 참조.
[**]   같은 책, 241절 참조.

냐는 문제와 중요하게 연결되어 있다. 마치 상자 속 딱정벌레처럼, 본질적으로 알 수 없는 다른 사람들의 퀄리아를 우리는 대체 어떻게 이해할 수 있는가? 주관적 경험을 대체 어떻게 설명할 수 있는가? 이것은 '의식에 대한 어려운 문제 hard problem of consciousness'로 널리 알려져 있으며, 이와 연관된 여러 사고실험이 이루어졌다. 대표적으로 색깔 과학자 메리, 그리고 철학적 좀비 사고실험을 꼽을 수 있다.

# 박쥐가 된다는 것은 대체 무엇과 같은가?

(1974)

당신이 캄캄한 동굴의 천장에 거꾸로 매달려 있는 박쥐라고 상상해 보자. 당신은 당신의 감각과 사유를 기술할 어떠한 낱말도 가지고 있지 않다. 또한 당신은 매달려 있던 자리를 떠나 공중으로 날았으며, 암흑 속에서 비행해 나아가기 위해 음파로 주변을 탐지하고 있다. 그렇다면, 당신은 이러한 경험을 박쥐가 하고 있는 것과 동일한 방식으로 상상할 수 있을까?

1995년 오스트레일리아의 철학자 데이비드 차머스는 의식에 관한 "어려운" 문제와 "쉬운" 문제를 구분했다. 역설적이게도 쉬운 문제는 계몽 철학자들이 가장 어려운 문제라고 생각했던 기억이나 지각 같은 인지적 능력에 대한 설명이었고, 어려운 문제는 철학자들이 "현상적 상태"라고 부르는 형이상학적 쟁점—경험의 감각적 측면—과 결부되어 있다. 우리는 어떻게 현상적 상태를 경험하며, 이들 상태는 어떻게 기술 또는 연구될 수 있는가? 현상적 상태는 대체 어느 정도로 "알 수 있는" 것일까?

의식의 어려운 문제에 대한 차머스의 진단은 철학에서 제기된 심신 문제의 본성에 관한 수십 년간의 논쟁에 대한 응답으로 제시된 것이다. 물론 이 문제는 최소한 데카르트의 이원론까지는 거슬러 올라갈 수 있다. 하지만 좀 더 한정시켜 말할 경우 물리적인 것과 심적인 것, 두뇌와 마음 사이의 "설명적 간극"(133쪽을 보라)은 지그문트 프로이트의 작업에서 명확히 지각된 것이다. 『정신분석학 개요』에서, 프로이트는 이렇게 결론을 내린다.

우리가 정신(정신생활)이라고 부르는 것 중 두 가지가 알려져 있다. 한 가지는 신체 기관과 그것의 무대인 뇌(신경 체계)이고, 다른 하나는 의식 행위이며 여기에 대해서는 직접적으로 주어진 데이터라는 것 말고는 더 이상 달리 설명할 길이 없다. 이 두 가지 극점 사이에 있는 모든 것은 우리에게 아무 것도 알려진 바가 없으며, 의식의 자료에는 두 극점 사이의 직접적 관계가 드러나지 않는다.*

1970년대 이후, 심신 문제는 뇌과학이나 여타 인접 영역의 발전 덕분에 다시 소생하게 되었다. 그런데 이 시기에는 의식에 대한 환원주의적 경향, 다시 말해 물리주의가 득세

---

* 지그문트 프로이트, 『정신분석학 개요』, 박성수·한승완 옮김, 열린책들, 2003. 413쪽 참조.

했다. 물리주의자들은 마음과 두뇌가 동일하며, 또한 마음과 의식의 모든 측면은 물리적 본성을 가지고 있다고 주장했다. 미국의 철학자 토머스 네이글에 따르면, "물리주의의 의미는 아주 분명하다. 심적 상태는 신체의 상태다. 심적 사건은 물리적 사건이다."

## 당신은 상상할 수 있는가?

1974년의 논문 "박쥐가 된다는 것은 대체 무엇과 같은가?"에서, 네이글은 물리주의의 상상 가능성에 도전장을 내민다. 박쥐의 의식 경험에 대해 생각해 달라고 요청한 다음, 네이글은 이렇게 주장한다. "박쥐가 [의식] 경험을 가질 것이라는 믿음은, 박쥐가 된다는 것이 무엇과 같은지에 대해 무언가를 전제하지 않으면 본질적으로 가질 수 없다." 여기서 문제는 그 '무언가'가 정확히 어떤 종류의 감각에 해당하는지 접근할 수 있는 방법을 인간이 가지고 있지 않다는 데 있다.

　네이글은 박쥐의 음파 탐지 능력을 특별히 언급한다. "하지만 음파 탐지 장치는 우리가 가진 어떠한 감각과도 동일하지 않다. 그리고 그와 같은 경험이 우리가 경험하거나 상상할 수 있는 무언가와 어떤 방식으로든 주관적으로 닮았다고 가정할 이유 또한 아무 데도 없다." 그는 계속해서 이렇게 주장한다. "어떠한 방법이라 할지라도, 우리의 내적 삶을, 박쥐의 내적 삶에 외삽extrapolate하는 데 사용할 수 있다고 보기는 어렵다." 그는 이 사고실험을 약간 변형된 버전을 통해 이렇게 간단한 방식으로 묻기도 했다. "당신은 그와 같은 경험을 상상할 수나 있는가?"

## 절망적인 조언

네이글에 따르면, 여기서 쟁점은 주관적인 것과 객관적인 것 사이의 차이다. 그는 단순히 타자의 "경험이 가진 주관적 성격"에 접근할 수 없다는 이유에서 "우리가 타자의 경험이 그와 같은 주관적 성격을 가진다는 믿음을 가지게 되는 일을 막을 수는 없다"고 서술한다. 여기서 문제는, 주관적 경험과 관련된 사실, 다시 말해 "박쥐가 된다는 것은 대체 무엇과 같은가?"라는 물음과 관련된 사실이 곧 "본성에 따라 우리가 결코 상상할 수 없는" 사실이라는 데 있다. 주관적(1인칭) 경험은 객관적(3인칭) 분석을 통해 기술할 수 없다. 그리고 물리주의적 접근은 이러한 차이를 포착하지 못한다. 달리 말해, "나는 이러저러하게 느낀다."는 진술은 "그는 이것을 이러저러하게 느낀다"라는 말로 기술할 수 없다.

　네이글은 물리주의가 최소한 현재 수준의 지식에서는 상상하기도 어려운 것이라고 주장한다. "마음에 대한 물리적 이론으로 경험의 주관적 성격을 해명해야만 한다고 보는 사람들은, 현재로서는 우리 손에 이러한 과업을 실현하는 방법에 관한 어떠한 실마리도 없다는 점 역시 인정해야만 할 것이다."

네이글이 다음과 같이 조심스럽게 말하고 있다는 점은 기억할 만하다. "이러한 일련의 논의가 물리주의가 거짓이라는 결론으로 이어진다고 보는 것은 잘못이다." 그는 "물리주의는 우리가 이해할 수 없는 주장이다. 이는 현재로서는 이 주장을 어떻게 참으로 만들어야 하는지에 대한 어떠한 접근 방법도 우리 손에 없기 때문이다"라고 말하며 자신의 주장을 한정시킨다. 하지만 이러한 탐구 영역에 대해 네이글이 내놓는 평가는 상당히 암담하다. "의식이 없다면, 심신 문제는 그 흥미가 반감되고 말 것이다. 의식이 있다면, 이 문제를 해결할 수 있다는 희망을 품기 어렵다."

# 중국어 방

(1980)

문이 잠긴 방 안에 중국어를 모르는 사람이 한 명 있다. 그에게 중국어로 된 질문을 제시한 다음, 중국어의 통사 규칙과 활용이 서술되어 있는 참고 도서를 사용할 수는 있지만 단어의 의미에 대해서는 아무 것도 모른 채 답안을 작성하게 하고, 그가 방 바깥으로 답안지를 제출했다고 해 보자. 이때 이 '중국어 방'이 인공지능과 어떤 차이가 있는가?

1936~1937년, 앨런 튜링은 보편 기계에 대한 이론을 고안했다. 이 기계는 상대적으로 단순하지만 다음과 같은 효과적 방법에 따라 복잡한 프로그램을 구동할 수 있다. 수학 용어로 효과적 방법effective method이란, 어떤 입력을 출력으로 변환시킬 수 있는 완전 집합을 단계적으로 수행할 수 있는 방법을 말한다. 19세기 후반과 20세기 초, 이는 최초의 컴퓨터라고 할 수 있는 시스템에 의해 채택되었다. 이 시스템은 의미를 알지 못하고 숫자를 계산하는 인간 사무원이 실행했다. 이들은 수학을 알 필요 없이, 이 방법에 따라 입력을 출력으로 옮기는 일만을 수행했을 뿐이다.

## 기능주의와 복수 실현 가능성

튜링의 작업은 놀랍도록 강력하고 세밀한 디지털 컴퓨터 개발에 영감을 불어넣었으며, 이들 컴퓨터의 성공은 심리학과 컴퓨터 과학 사이의 상호작용을 통해 새로운 분야의 팽창을 불러왔다. 인지과학이 탄생한 것이다. 인지과학은 기능주의라는 새로운 심리철학을 도입했으며, 기능주의는 마음이 어떻게 작동하는지에 관한 영향력 있는 모형이 되었다.

기능주의는 인지에서 중요한 것은 하드웨어가 아니라 그것이 구동하고 있는 소프트웨어라고 주장한다. 두뇌는 아주 복잡한 기계일 뿐이며, 마음과 의식은 이 기계의 기능적 상태이다. 이는 자연스럽게 컴퓨터와 컴퓨터 프로그램에 기반해 마음에 대한 모형을 구성하도록 이끈다. 또한 이러한 모형은 아주 중요한 원칙, 즉 복수 실현 가능성multiple realizability을 함축한다. 이는 동일한 프로그램이 다른 기계에서도 구동될 수 있으며 프로그램은 완전히 다른 유형의 기계에서도 구동될 수 있음을 의미한다.

## 강인공지능, 약인공지능

달리 말해, 마음을 구성하는 기능적 상태는 여러 다른 방식으로 실현될 수 있다. 실현 토대 가운데 하나가 인간의 두뇌이지만, 아마도 지성이나 의식과 같은 심적 상태는 일정한 종류의 기계를 통해서도 실현될 수 있을 것이다. 이것이 바로 인공지능 개발의 기반이다. 이러한 인공지능에는 강强인공지능과 약弱인공지능이라는 두 유형이 있다. 양자의 구별은 이들이 무엇을 만들어 내는지에 의존한다. 약인공지능이론은 기계가 인간의 지능을 모형화하고 검사할 수는 있으나 이 기계가 실제로 인간처럼 생각한다고는 주장하지 않으며, 강인공지능 이론은 어떤 기계 마음은 지능이나 의식처럼 인간과 동일한 속성을 가질 수 있다고 주장한다.

1980년, 미국의 철학자 존 설은 강인공지능 이론의 중심 주장에 대한 강력한 논박이 담긴 논문을 출간한다. 바로 이 논문에 이른바 중국어 방 논증이 담겨 있었다. 그가 처음부터 이 논증을 이런 용도로 제시한 것은 아니다. 강인공지능과 이를 지지하는 기능주의 심리철학은 라이프니츠의 방앗간 논증까지 거슬러 올라갈 수 있는 유구한 전통을 가진 비판을 받아 왔다. 라이프니츠 이래, 철학자들은 물리적 기계가(라이프니츠가 생각한 기계의 정교함은 여기서 중요한 문제는 아니다) 의식의 본질을 포착할 수 있다는 전제를 비판해 왔다. 1974년, 로렌스 데이비스는 뉴런과 두뇌 내에서 뉴런의 연결을 사무직원과 전화선으로, 또는 거대 로봇 내부에 배치된 직원과 전화선으로 바꾼 사고실험을 제시했다. 데이비스는 이렇게 묻는다. 만일 직원과 이들의 전화가 인간 두뇌 내부에서 고통이라는 의식 경험과 연관된 신경 활동의 패턴과 정확히 일치하는 방식으로 배열되어 있다면, 이 거대 로봇은 고통에 대한 의식 경험을 하는 것일까?

## 중국 인민, 그리고 종이 기계

네드 블록이 1978년 제시한 '중국 인민'이라는 유사한 사고 실험을 살펴보자. 그는 우선 중국에 살고 있는 모든 사람들이 전화기를 가지고 있으며, 자신이 받았던 전화의 목록을 가지고 있다고 전제한다. 또한 고통에 대한 의식적 경험과 연결된 인간 두뇌 회로의 발화 패턴은 결국 전기 회로의 발화 상태일 것이다. 여기서 수억 중국 인민과 그들의 전화기 및 통신망이 이룬 회로는 두뇌 속 회로를 모사하는 기반이 된다. 블록은 수억 중국 인민이 전화를 일정한 패턴으로 걸면 이로 인해 통신망이 발화될 것이고, 발화된 중국의 전화 통신망은 인간 두뇌의 고통 연결 회로를 복제할 수 있지 않겠느냐고 제안했다. 물론 전화를 통해 보내는 메시지와 상관없이 망의 발화 패턴만으로 그렇다. 그런 다음, 블록은 이렇게 묻는다. 그렇지만 개별 인민 가운데 누구도 고통에 빠져 있지 않은데 이를 중국이 고통 받고 있는 것과 같다고 말할 수 있을까?

다시 튜링으로 돌아가 보자. 1948년 그는 이미 중국어 방 사고실험을 직접적으로 예견한 사고실험을 고안했다. 이 사고실험의 핵심은 인간 조작자에 의해 효과적 방법으로 체스를 두는 "종이 기계"다. 만일 인간 조작자가 영어로 서술된 일련의 단순한 매뉴얼에 따라 행동한다면, 그는 체스에 대해 아무 것도 모르는 상태에서 체스를 둘 수 있을 것이다. 기물의 움직임을 '*f4ex5*'같이 체스 표기법으로 서술할 경우, 조작자는 체스와 결부되어 있는 어떠한 아이디어도 떠올리지 않을 수 있을 것이다.


## 의미와 지향성

튜링에게 이 사고실험이 기계 지능의 성격에 대해 가지는 함축은 그가 튜링 테스트를 통해 제기했던 쟁점에 대한 행동주의적 접근에 비해서는 부차적이었다. 튜링은 이 기계가 "정말로" 체스를 이해하고 있는지, 단지 그런 것처럼 보일 뿐인 것인지는 논의할 수 없는 문제라고 주장한다. 하지만 설과 같은 철학자들은 의미와 지향성intentionality[*]에 대한 고찰이 인공지능 쟁점에서 절대적으로 중심적이라고 주장한다.

설은 중국어 방 논증을 1980년 처음 발표하고 1999년 이를 좀 더 간단한 형식으로 편집해서 내놓았다.

중국어를 전혀 모르는 영어 원어민 화자가 있다. 그를 한자(데이터베이스)로 가득 차 있으며, 한자를 조합하는 방법을 알려 주는 책(프로그램)이 구비되어 있는 방에 넣고 문을 잠갔다고 해 보자. 그 다음, 방 바깥에 있는 사람이 방 안에 있는 사람이 알지 못하는 한자를 집어넣고 방 안 사람에게 질문을 했다고 해 보자(입력). 이제, 방 안 사람이 프로

---

[*]  외부 지칭체를 가진다는 것, 즉 무언가에 "대한" 것.

그램에 제시된 지시에 따라 질문에 알맞은 한자를 다시 내놓을 수 있다고 해 보자(출력). 여기서 프로그램은 방 안 사람이 중국어를 이해하는 튜링 테스트를 통과할 수 있게 만들었다. 하지만 이 사람이 중국어 단어를 이해하고 그렇게 한 것은 아니다.

다시 말해, 중국어 방은 튜링 테스트를 통과할 수 있는 컴퓨터에 대한 비유다.

만일 방 안 사람이, 중국어를 이해하기에 적절한 프로그램을 실행하지 않고서는 중국어를 이해하지 못한다고 해 보자. 이와 마찬가지로, 그와 같은 기반에만 의존하는 어떠한 디지털 컴퓨터도 중국어를 이해할 수 없다. 이는 어떠한 컴퓨터도⋯인간이 가지고 있는 것 이상을 가지고 있지는 못하기 때문이다.

## 모든 것은 통사론이며, 의미론은 없다

설이 생각하는 중국어 방 논증의 표적은 기호에 대한 형식화된 계산이 사유를 산출할 수 있다는 주장이다. 컴퓨터가 따르는 효과적 방법은, 단순히 입력을 처리하고 출력을 산출하기 위해 기호를 조작할 뿐이다. 이들의 핵심 특징은, 이러한 절차가 오직 통사론—기호들의 배열을 지배하는 '문법' 규칙—만을 사용하여 진행할 수 있으며, 의미론—기호의 의미—이 불필요하다는 데 있다. 설은 "계산은 순전히 형식적으로 또는 통사적으로 정의될 수 있다. 하지만 마음은 실제 심적 또는 의미론적 내용을 가지고 있으며, 통사론적 조작 이외에 아무 것도 사용하지 않고 의미론으로부터 통사론을 뽑아낼 방법은 결코 없다"고 말했다.

설은 이렇게도 주장한다. 기계 지능은 "인지적 과정을 일으키는, 생물학적으로 특수한 두뇌의 힘을 필연적으로 무시할 수밖에 없다." 그는 심적 상태는 실재하는 생물학적 현상으로, 신체에 체화되어 물리 세계와 상호작용한다는 점에서 소화나 광합성과 유사한 특징을 가지고 있다는 점 또한 강조한다. 물론 이러한 태도는 탄소 또는 원형질protoplasm 배외주의로 비판받는다. 설의 입장은 탄소에 기반하거나 '원형질' 생물학에 기반하지 않은 지능을 원천적으로 배제하는 규정이기 때문이다.

### 중국어 방에 대한 응답

중국어 방 논증의 영향력은 몇 가지 집합으로 분류할 수 있는 방대한 범위의 답변을 통해 확인할 수 있다. 한 가지 답변은 시스템을 이용하는 답변이다. 이에 따르면 (마치 라이프니츠의 방앗간에 대한 것과 마찬가지 방식으로) 설은 잘못된 층위에 주목한 것이며, 설사 방 안 사람이 중국어를 이해하지 못한다고 할지라도 중국어 방 시스템 전체는 중국어를 이해했다고 말할 수 있다고 주장한다. 또 다른 유형의 답변들은 비록 중국어 방 스타일의 인공지능이 실패할 수 있다고 해도, 이 인공지능이 체화되었거나(로봇 답변) 인간의 두뇌와 충분히 유사할 경우, 다시 말해 뉴런, 시냅스, 병렬 처리 과정을 모의로 실험할 수 있을 경우(두뇌 시뮬레이터 답변) 성공적일 수 있을 것이라는 점은 부정하지 않는다. 이와 관련해서, 방과 같은 구조를 사용하는 인공지능이 결정적으로 열등하다는 비판도 제기되었다. 심리철학자 리처드 그레고리는 "중국어 방 우화는 컴퓨터 기반 로봇에게 우리만큼의 지능이 있을 수 없다는 점을 보여 주지 못한다. 우리 역시 이러한 학파가 보기에는 지능이 없기 때문"이라고 지적한다.

다른 마음other mind이라는 답변에 따르면, 설의 결론은 튜링 테스트 배후에 있는 이론과 유사한 기반 위에 있다. 만일 중국어 방이 중국어를 말할 수 있는 것처럼 보인다고 해 보자. 왜 우리가 이 방이 중국어를 말할 수 있다고 주장할 수 없는가? 만일 우리가 이를 허용할 수 없다면, 동일한 추론에 따라 다른 마음에 유사한 속성을 부여하는 일 또한 거부해야만 할 것이다. 예를 들어, 지구에 어떤 외계인이 불시착했으며 이들이 지능을 가진 것으로 보인다고 해 보자. 우리는 이들에게 의미와 지향성이라는 속성을 부여하지 말아야만 하는가? 이러한 비판은 철학적 좀비 사고실험과도 관련되어 있다(135쪽 참조).

철학자 대니얼 데닛은 중국어 방 논증에 한 가지 강력한 비판을 가했다. 그는 지향성이 인간 마음의 특권이라는 설의 주장을 공박했다. 심지어 우리는 온도 조절 장치 같은 단순한 장치에도 지향성을 귀속시킬 수 있다. "이 장치는 원시적인 목표 또는 욕구(물론 이는 온도 조절 장치 소유자에 의해 설정된 것이다)를 가지고 있다. 이는 그 욕구가 충족되지 않았다고 믿는(이런 믿음은 센서를 통해 실현될 수 있다) 어떠한 경우에든 적절한 방식으로 가동될 것이다." 비록 온도 조절 장치를 기계적 또는 분자적 용어를 통해 서술할 수 있으나 "만일 당신이 모든 온도 조절 장치를 포함하는 집합을 기술하길 원한다면…당신은 이들을 지향적 층위로 격상시켜야 할 것"이라고 데닛은 말한다. 온도 조절 장치 모두가 공유하는 속성을 포착하는 유일한 방법은 믿음과 욕구를 언급하는 방법 이외에는 없기 때문이다. 그렇기 때문에, 왜 어떤 온도 조절 장치는 방의 온도를 따뜻하게 유지하기를 "원하지" 않느냐고 말하지 못할 이유도 없다.

## 우리 안의 외계인

철학자 줄리언 무어는 중국어 방 사고실험의 다양한 변종을 제시한 인물이다. 그 가운데 진보된 두뇌 스캔 기술로 자신의 뇌가 실제로 어떻게 작동하는지 확인해 보니, 설이 말한 통사론적 매뉴얼을 사용하여 영어로 된 답변을 산출해 내는 외계인 난쟁이들이 상주하고 있더라는 사고실험이 있다. 이 난쟁이들이 영어를 이해하지 못할 수도 있다. 하지만 이러한 사실이, 무어가 영어를 이해한다고 느끼는 주관적인 경험이 잘못되었다는 뜻인가? 무어의 답변은 이렇다. "나는 이를 통해 내가 영어를 이해하지 못하고 있다고 봐야 할, 또는 내가 영어를 이해하고 있다는 점을 의심할 만한 어떠한 이유도 찾지 못했다. 이는 내가 [내 두뇌가] 작동한다는, 무언가 의심할 수 없는 측면을 알고 있기 때문이다."

설은 이 답변 가운데 대다수가 자신의 핵심, 즉 순전히 통사적인 프로그램은 지향성과 의미를 산출할 수 없다는 주장을 제대로 다루지 못했다고 논박한다. 하지만 누구도 의미론이 통사론에서 발생할 수 없다는 설의 전제에 동의하지 않을 것이다. 설의 입장은 그 자체로 많은 문제점을 품고 있다. 하나의 예만 들어도 그렇다. 설이 생각하는 지향성은 대체 어디서 유래하는가? 그는 유기적 하드웨어wetware가 본질적이라고 주장하기 때문에 지향성이 두뇌에서 유래한다고 믿을 것이다. 그렇지 않다면 대체 어디에서 지향성이 유래하겠는가?

# 색깔 과학자 메리

(1982)

메리는 평생을 흑백으로 되어 있는 방에서 살았고, 다른 어떤 색깔도 보지 못했다. 하지만 그는 색채 과학에서 아주 뛰어난 전문가가 되었다. 그는 색과 관련된 모든 물리적 사실을 학습하게 되었다. 다시 말해, 전자기파에 대한 수리적 기술은 물론 색깔 지각과 어떤 신경 배열이 연관되어 있는지도 파악하게 되었다. 이런 그가 방 바깥으로 나가 빨간색을 처음 보게 되었다고 해 보자. 그는 무언가 새로운 것을 배우게 될까?

의식에 관한 철학에서 가장 중요한 쟁점 가운데 하나는 바로 퀄리아, 곧 '어떤 경험을 하게 된다는 것은 어떤 느낌일까'에 대한 것이다. 감각하고, 느끼고, 지각한다는 것은 실제로 어떤 느낌일까? 이런 것들을 경험한다는 것은 대체 무엇과 같은가? 감각 경험을 과학적, 또는 유물론적 용어로 포착하려는 시도를 넘어서는 무언가가 퀄리아에 있다는 생각에는 상당히 강력한 직관적 매력이 있다. 미국의 철학자이자 심리학의 개척자 윌리엄 제임스는 퀄리아를 과학적 표현으로 포착하려는 시도를 "실속 있는 식사 대신 인쇄된 메뉴판을 제공하는 것"에 비교하기도 했다.

## 지식 논증

심신 문제에 대한 물리주의적 접근을 유지하려면(117쪽을 보라), 퀄리아는 반드시 물리적 사실이어야 한다. 그렇다면 다른 물리적 사실과 마찬가지로, 퀄리아 역시 그것에 대해 알수 있어야 한다. 이러한 지식은 무언가를 읽거나 배워서 획득할 수 있을 것이다. 이러한 방식으로 퀄리아에 대해 알 수없다면 물리주의는 결국 실패할 것이다. 이는 물리주의에반대하는 지식 논증이라는 이름으로 널리 알려져 있다. 이는 퀄리아에는 물리주의가 제공하는 것 이상의 지식이 결부되어 있기 때문이다. 물리적인 것을 넘어서는 지식 또는 진리의 가능성은, 물리주의의 타당성과는 반대되는 논거이다.

물리주의에 반대되는 가장 잘 알려진 논증의 배후에는정확히 이러한 논증이 있다. 스스로를 "퀄리아 마니아"라고 부르는 오스트레일리아의 철학자 프랑크 잭슨은 바로 이러한 논증을 제시한 인물이다. 1982년 학술지《계간 철학Philosophical quarterly》에 실린 논문 "부수 현상적 퀄리아"에서 잭슨은 "유능하지만, 어떤 이유에서인지 흑백 모니터를 통해흑백 방에서 세계를 탐구하도록 강제된 과학자"인 메리를도입했다. 메리는 인간이 색을 바라볼 때 무슨 일이 일어나는지에 관한 "모든 물리적 정보"를 획득한 상태다. 잭슨은이렇게 묻는다. "메리가 자신의 흑백 방에서 풀려나거나, 컬러 모니터를 받게 되었을 때 대체 무슨 일이 일어날까? 그는무언가를 배우게 될까, 아무것도 더 배우지 못할까?"

## 설명적 간극

잭슨의 답은 명확하다. "메리는 분명 세계와 우리의 시각 경험에 대해서 무언가 배우게 될 것이다." 메리는 이미 색에 대한 모든 물리적 사실을 알고 있었고, 이제 색깔 경험을 통해 무언가 새로운 것을 더 배우게 된다. 따라서, 퀄리아에는 물리적 사실을 초과하는 무언가가 존재하며, 결국 물리주의는 거짓이다. 미국의 철학자 조지프 르바인은 퀄리아를 물리적 용어로 기술하는 문제를 "설명적 간극explanatory gap"이라고 불렀다.

## 파란 바나나 속임수

물리주의자들은 잭슨의 전제와 결론을 논박하려고 한다. 메리가 빨간 사과를 볼 때, 그는 자신이 알고 있는 모든 것을 통해 단순하게 빨갛게 인지할 뿐이다. 대니얼 데닛은 메리를 시험해 보려고 "파란 바나나 트릭"을 고안해 냈다. 메리가 파란 바나나를 보았다고 해 보자. 또한 메리가 이미 파란색을 보는 경험이 무엇과 같은지에 대해 이미 알고 있지만 파랑을 결코 본 적이 없다고 해 보자. 그는 이것이 잘못된 색깔임을 알고 있을 것이다. 오히려, 메리는 그와 같은 색깔 경험을 실제로 해 보기 전에는 색깔 경험과 관련된 모든 물리적 사실을 배울 수 없을 것이다. 경험의 감각적 측면은 아마도 물리적 명사로는 기술할 수 없겠지만, 그럼에도 물리적일 것이다.

잭슨은 물리주의와 지식 논증에 대한 자신의 입장을 바꾸었다. "과학과 함께하는" 입장을 택하고 물리주의에 "항복"하는 길을 택했기 때문이다. 하지만 그는 메리와 지식 논증의 직관적인 호소력에 큰 가치를 부여한다. "이 논증은 상당한 힘이 있다." 그는 또한, "여기서 흥미로운 쟁점"은 왜 이러한 직관이 잘못된 방향으로 향하는지 설명하는 데 있다고도 말한다.

# 철학적 좀비

(1996)

커크 박사는 두뇌 스캐너를 좀비의 머리를 향해 낮춘 다음 좀비의 머리를 가격했다. "아야!" 보통 사람과 완전히 동일해 보이는 좀비가 외쳤다. "아픕니다! 너무 고통스럽군요." 그의 얼굴은 고통을 나타내듯 일그러져 있었고, 두뇌 스캐너 역시 그의 뇌가 실제 인간이 고통을 겪을 때와 일치하는 상태임을 확인해 주었다. 커크 박사는 이렇게 생각했다. '이상하군⋯. 분명 좀비는 어떠한 종류의 의식 경험도 하지 못할 텐데.'

심리철학에서 "좀비"라는 말은 대중문화에서 이야기하는 좀비와는 상당히 다른 뜻을 가지고 있다. 때로 이들을 구별하기 위해 철학적 좀비(또는 P-좀비)라는 표현을 사용하기도 한다. 철학적 좀비의 정의는 매우 다양하지만, 여기에서는 일반적으로 이 말을 인간과 동일하지만 의식 경험(또는 현상적 경험), 퀄리아(131쪽을 보라), 또는 지향성(125쪽을 보라)을 결여하고 있는 존재를 뜻하는 것으로 쓸 것이다. 의식 경험, 퀄리아, 지향성 모두 동일한 현상을 포착하기 위한 명사다. 의식적 존재는 단순히 고통을 느낄 뿐만 아니라, 의식적이고 주관적으로 고통을 경험한다. 이들에게는 고통을 느끼게 하는 무언가가 분명히 존재하는 반면, 좀비에게는 어떠한 의식 경험을 하게 만드는 것도 없다("[의식 경험이] 대체 무엇과 같은가"에 대한 논란은 116쪽을 보라).

이 사고실험을 이해하려면, 당신의 텔레비전이 고통을

느낄 수 없다는 사실을 생각하면 된다. 당신이 때리려고 할 때 움찔하거나 몸을 비틀고, "아야!"하고 소리를 내는—달리 말해, 고통을 겪을 때 행동으로 표시를 하는 모든 것—정교한 텔레비전을 만들어 낼 수는 있을 것이다. 하지만 이 텔레비전은 실제로는 고통을 느낄 수 없다. 철학적 좀비는 이러한 비유를 넘어선 지점까지 나아간다. P-좀비의 핵심은, 이 좀비가 의식 경험을 하고 있는 사람과 동일하게 행동할 뿐만 아니라, 두뇌 상태에서도 정확히 동일하다는 데 있다.

## 자동 기계와 인과

데카르트는 인간과 동물, 즉 그가 의식이 있다고 여기지 않은 존재와 인간을 구분할 때 철학적 좀비의 개념에 접근했다. 데카르트는 동물을 자동 기계automata라고 불렀다. 이는 이들의 행동을 전적으로 물리 용어를 가지고 설명할 수 있다는 뜻이다. 그는 인간 자동 기계의 가능성을 검토했지만 이를 거부했다. 왜냐하면 이러한 피조물은 언어나 행동을 창조할 수 없다고 보았기 때문이었다. 인간이 의식을 잃는다고 해도, 잠시 동안은 신체를 움직일 수 있으며 심지어 의식이 없는 상태에서도 (의식이 있는 사람과의 차이는 손쉽게 구분할 수 있지만) 걷거나 노래를 부르는 것이 가능하다.

과학의 진보는 모든 물리적 현상을 물리 용어로 설명할 수 있을 것이라고 약속했다. 이는 모든 물리적 효과는 물리적 원인을 가지고, 또한 물리적 원인은 모든 물리적 효과를 설명할 수 있기 때문이다. 물리 세계는 "인과적으로 폐쇄되어 있다." 신경생리학(두뇌 내에서 일어나는 생물학적 과정과 메커니즘에 대한 연구)은 이러한 폐쇄성을 인간의 행동으로 확장시킨 것으로 보인다. 이는 또한 의식을 순전하게 물리적인 명사로 설명할 수 있다고 주장하는 물리주의 심리철학을 이끌어 내기도 했다. 의식을 이와 같은 방식으로 설명하기는 어렵기 때문에 물리주의는 의식이 비물리적이라고 제안하는 한편, 물리 세계가 인과적으로 폐쇄적인 것에 비추어 의식은 비인과적이라고 말하기도 한다(다시 말해, 의식은 물리 세계에 행동과 같은 효과를 일으키는 데 어떠한 역할도 수행하지 않는다). 이를 다르게 말하자면, 의식은 두뇌 상태와 행동을 발생시키지는 않지만 그로부터 일어난다. 의식은 물리적 과정의 부산물 또는 부수 현상이다. 부수 현상이란 일종의 2차 현상, 즉 어떤 1차 현상의 부산물을 말한다. 따라서 부수 현상은 1차 현상과 동반해서 나타나지만 그것을 일으키지는 않는다.*

* 부수 현상의 사례로 많은 심리철학자들이 예로 드는 것은 물이 내려갈 때 나는 소리다. 이 소리는 물의 흐름에 인과적 영향을 미치지 못한다. 마찬가지로, 의식 역시 이 세계의 사건에 인과적 영향을 미치지 못한다는 것이 부수 현상론이다.

## 의식하는 자동 기계

영국의 생물학자 토머스 헉슬리는 이러한 시각을 인간을 "의식적 자동 기계"—이름을 빼면 이는 모든 면에서 철학적 좀비와 같다—로 보는 시각이라고 평가한다. 이러한 시각은 물리주의자의 세계관에 중요한 귀결을 불러온다. 영국의 철학자 조지 스타우트는 만일 개인의 의식 경험이 우리 우주에서 어떠한 인과적 역할도 수행하지 않는다면, 이 우주가 "의식 경험을 하고 있는 어떠한 개인도 존재하지 않는 상황과 전적으로 동일한"것도 충분히 가능하다고 말한다. 스타우트의 말은 이렇다. "인체는"다리를 건설할 때, 전화 신호가 사람들에게 퍼질 때, 아니면 유물론을 옹호할 때 "거쳐야 할 움직임"과 동일한 대상이다. 오늘날 우리가 좀비들의 우주라고 불렀을 이러한 개념을, 스타우트는 "상식으로는 받아들일 수 없는"것이라고 불렀다.

## 모든 것은 내부가 어둡다

"좀비"라는 단어를 철학적 맥락에서 사용한 첫 사례는 1974년 영국 철학자 로버트 커크의 저술이다. 하지만 1996년 데이비드 차머스의 책 『의식적 마음The Conscious Mind』이 아니었다면 이 단어가 지금의 명성을 누릴 수는 없었을 것이다. 이 책 덕분에 물리주의와 기능주의(심적 상태를 순전히 물리적 명사로 서술할 수 있는 기능적 상태로 보는 입장)를 한편으로 하고 반(反)물리주의와 이원론을 한편으로 하는 논쟁에서 좀비라는 말을 일종의 화폐처럼 사용할 수 있게 되었다. 아이리스 머독에 따르면, 인간 마음을 보는 행동주의적 관점은 "내부는 모든 것이 잠잠하고 캄캄하다." 차머스는 철학적 좀비란 "나와 물리적으로 동일하지만 의식 경험을 가지고 있지 않은 무언가―내부의 모든 것이 캄캄한 것"이라고 말한다.

철학적 좀비는 물리적 두뇌의 상태를 물리적으로 서술하면, 모든 측면에서 좀비가 아닌 사람과 동일하다. 그렇기 때문에 뇌 과학자는 상상 가능한 어떠한 두뇌 스캐너나 다른 물리적 조사를 통해서 철학적 좀비의 특징을 파악할 수 없다. 유일한 차이라면, 철학적 좀비가 통상 두뇌 상태와 연관되어 있는 의식 현상 경험을 하지 않는다는 것이다. 철학적 좀비는 자신의 고통을 대뇌피질에 있는 C 섬유의 발화에 기반해 고통과 이어지는 모든 표지로 보여 줄 수 있지만, 실제로 이 모든 것은 일종의 쇼다. 철학적 좀비는 고통의 퀄리아를 경험할 수 없기 때문이다.


### 반증된 물리주의

커크의 표현에 따르면 "좀비론자" 또는 "좀비의 친구"라고 할 수 있는 차머스 같은 사람들에게, 좀비 사고실험은 물리주의가 거짓이라는 점을 입증하는 증거다. 만일 두뇌의 물리적 상태를 비롯한 모든 물리적 측면에서 우리와 동일하지만 의식 경험은 하지 않는 존재를 상상할 수 있다면, 물리적 두뇌 상태와 심적 상태가 동일하지 않다는 주장은 참이며 물리주의는 거짓이 될 것이다. 물리주의는 의식이 순전히 물리적 사실(이를 명제 A라고 부르자)이라고 주장하며, 따라서 물리적 사실 측면에서 우리 세계와 동일한 모든 가능 세계에서 인간은 의식을 가진다고 주장한다(이를 명제 B라고 부르자). A라면, B다. 하지만 물리적 사실이 우리 세계와 동일하지만 P-좀비가 존재하며 이에 따라서 인간이 의식을 가질 필요가 없는 세계를 상상할 수 있다면, 물리주의의 논증은 거짓이 될 것이다. 술어 논리로 이를 표현해 보자. A라면 B다. B가 아니라면 A가 아니다.

이에 대응하는 물리주의자들의 첫 번째 답변은 이런 식이다. 철학적 좀비는 상상 가능하다. 하지만 이들의 존재 가능성은 부정해야 한다. 명확하고 정합적인 방식으로 상상 가능하지만 존재할 수 없는 것들이 분명히 있다. 우리는 물이 $H_2O$가 아니라 다른 화학식으로 표현해야 하는 구조로 이뤄진 경우를 상상할 수 있다. 하지만 물은 실제로 $H_2O$이기 때문에, 이러한 상상 속의 상황은 현실적으로는 존재할 수 없다.

마찬가지로, 좀비의 경우, 비록 우리가 인간 두뇌가 인간의 의식 상태와 대응하지 않는 방식으로 존재하는 것을 상상할 수 있다고 하더라도, 그와 같은 상황은 현실적으로는 불가능하므로, 인간의 두뇌 상태는 인간의 의식 상태와 동일하며, 후자는 전자 없이 존재할 수 없다고 말할 수 있다. 반反물리주의자는 이에 대해 이렇게 반박한다. 우리가 물과 $H_2O$가 현실 세계에서 동일하다는 점을 알고 있다면, 물을 다른 화학식으로 서술해야 하는 물질이라고 생각할 수는 없다. 하지만 철학적 좀비의 경우, 우리는 물리적 세계에 대해 배우고 난 다음에도 여전히 철학적 좀비에 대해 생각할 수 있다.

물리주의자들의 또 다른 답변은 이런 식이다. 좀비 논증은 선결 문제 해결의 오류를 범하고 있다. 의식을 설명하기 위해, 퀄리아를 기능주의적으로 추가적으로 설명해야 할 필요가 있다고 가정하고 있기 때문이다. 철학적 좀비는 퀄리아의 부재를 통해 정의된다. 하지만 기능주의가 기능주의적 설명과 독립적인 퀄리아의 존재를 부정한다면, 퀄리아 문제에 답할 필요 자체가 없어질 것이다.

## 재킷 오류

반反좀비론자가 된 커크는 이렇게 말한다. "좀비론자들은 우리가 '재킷 오류'라고 부르는 오류를 범하고 있다. 이들은 현상 경험을 개인의 다른 주요 속성은 그대로 남겨둔 채 떼어낼 수 있는 속성으로 잘못 가정하고 있다." 달리 말하자면, 철학적 좀비가 사실 정합적인 개념이 아니라는 것이다. 어떤 사람을 "현상 경험이라는 재킷"을 벗겨내고 좀비로 만들어 내려면 실제로 어떤 개인의 다른 주요 속성에도 상당한 손상을 가해야 하며, 이 손상의 범위는 개인을 변형 이전과는 완전히 다른 사람으로 만들어 버릴 수 있을 정도로 크다.

미국의 철학자 레베카 핸러헌은 어떠한 다른 마음도 알 수 없다고 보는 유아론적 관점을 채택하지 않고서는 철학적 좀비에 대해 생각할 수 없다고 주장한다. 그의 주장을 들어보자. "우리가 다른 사람의 현상학[즉, 그들의 주관적 의식 경험]에 직접 접근할 수 없다면" 다른 사람들이 정말로 철학적 좀비일 것이라고 결론내릴 수 있는 유일한 통로는 몇 가지 물리적 또는 행동적 사실뿐이다. 하지만 그와 같은 증거는 "정의에 따라 우리 모두에게 동등하게 참이다. 따라서 우리가 현실 세계의 인간에게도 마찬가지로 이러한 연결을 부정하는 경우에만, 당신은 이들 피조물에게도 마음과 행동 사이의 연계를 부정할 수 있을 것이다." 이러한 철학적 믿음을 유아론Solipsism이라고 부른다. 유아론은 "다른 사람들의 행동이 다른 사람들이 무언가를 느끼고 있다는 증거가 되지는 않는다고 보는 입장이며, 따라서 자신 이외에 의식을 가지고 있는 존재가 있다고 볼 이유가 없다는 생각"을 말한다. 대부분의 반물리주의자들이 그렇듯, 유아론을 부인한다면 "우리는 철학적 좀비가 가능하다는 믿음을 정당화할 수 없다고 볼 수밖에 없다."

만화책의 설정에서 내용을 빌려 미국의 철학자 도널드 데이비드슨은 철학적 좀비와 유사한 사고실험을 발전시켰다. "데이비드슨이 어떤 늪지 옆을 산책하다가 벼락을 맞아 분해되어 버렸다. 하지만 동시에 다른 벼락이 쳐서 주변 분자를 재조합했고, 이들 분자 덩어리는 데이비드슨의 갑작스러운 죽음이 일어난 바로 그 순간 데이비드슨의 몸과 정확히 동일한 방식으로 조합되었다." 이 늪지 인간은 데이비드슨처럼 보이며, 데이비드슨처럼 행동한다. 하지만 그는 데이비드슨이 가지고 있던 어떠한 인과적 연쇄 사슬도 가지고 있지 않기 때문에, 어떠한 지향적 상태도 가질 수 없고 따라서 어떠한 의식 경험도 할 수 없다. 철학적 좀비와 마찬가지로, 늪지 인간 사고실험 역시 의식을 물리주의적, 기능주의적으로 해명하는 것이 타당한지 묻기 위해 제시되었다.

도덕철학, 다른 말로 윤리학은 훌륭한 삶을 살 수 있는 최선의 방법은 무엇인지, 무엇이 옳고 그름을 규정하는지를 탐구하는 철학 영역이다. 많은 경우 이런 주제에 대한 판단은 사전 가정과 편견을 반영하기도 하고, 논리적 함정에 빠지는 경우도 적지 않다. 사고실험과 역설은 이들 사고방식의 한계를 밝히는 동시에 그 결론을 뒤집는 데 기여할 수 있다. 또한 실험 수행이 불가능하거나 윤리적이지 않은 경우 자연스럽게 의존할 수 있는 실험의 방법이 된다.

Part III

어떻게
더 나은 삶을
살 수 있는가

# 뷔리당의 당나귀

(17C~)

> 배고픔과 갈증을 같은 수준으로 느끼고 있는 당나귀 한 마리를 상상해 보자. 이 당나귀는
> 먹이나 물통과 똑같은 거리만큼 떨어져 있는데 둘 중 하나를 선택하지 못하고 있다. 그렇다면
> 우리의 당나귀는 아무 행동도 할 수 없으므로 죽게 될 것이다.

이 시나리오는 중세 프랑스의 철학자 장 뷔리당 사후 "뷔리당의 당나귀"라는 이름으로 널리 알려지게 되었다. 사실 이 원리는 뷔리당보다 한참 앞선 시기에 이미 알려졌는데, 뷔리당의 결정론적 도덕철학을 비판하고 그의 논리에 도전하기 위해 이름 붙여졌다. 이 사고실험이 담긴 가장 이른 시기의 기록은 기원전 350년경 집필된 아리스토텔레스의 『천체에 대하여De Caelo et Mundo』에서 다음과 같이 나타난다. "배고픔과 갈증을 동일한 수준으로 느끼고 있는 사람이 음식과 물 사이에 자리잡고 있다고 해 보자. 자신의 현 위치에 그대로 머무른다면 결국 그는 굶어 죽게 될 것이다."

당시 아리스토텔레스는 지구의 움직임에 대한 주장의 불합리성을 보여 주는 비유로 이 시나리오를 제안했는데, 후대 철학자들은 도덕적 선택이 효용에 의해 결정되어야 한다는 뷔리당의 주장을 논박하기 위해 이 사례를 사용하게 된다. 뷔리당은 여러 대안 경로가 있는 경우 행위의 선택은 좀 더 좋은 결과를 산출하는 경로로 결정되어야 하고, "두 경로가 동등한 것으로 판단되는 경우, 의지로는 교착 상태를 돌파할 수는 없을 것"이며, "우리가 할 수 있는 것이라고는 상황이 변할 때까지 판단을 미루고 올바른 행위 경로가 명백해질 때까지 기다리는 것뿐"이라고 주장했다. 이러한 "판단 지연suspension of judgement"은 후세 저술가들이 뷔리당의 당나귀라는 우화를 만들어 내는 요인이 되었다.

## 합리적 비합리성

뷔리당의 당나귀는 지금까지 본 것과는 상당히 다른 이유에서 역설로 취급되기도 한다. 한 가지 추론 노선은 이런 식이다. 당나귀 한 마리가 두 건초 더미와 똑같은 거리를 사이에 두고 있으며, 이 때문에 치명적인 판단 불능 상태에 빠졌다는 것이다. 건초 더미가 단 하나뿐이었다면 이 당나귀는 살아남았을 것이다. 이 추론은 먹을 것이 많이 있었음에도 당나귀가 굶주림에 빠지게 된다는 점에서 매우 역설적이다. 또한 합리적인 선택지들이 동등하다는 데서 유래하는 딜레마에서 벗어나는 현명한 방법은 비합리적인 선택지를 만드는 것(예를 들어, 당나귀를 사람으로 바꿀 경우, 어떤 음식을 택할지를 동전 던지기로 결정한다는 식)이라고 읽을 수도 있다. 결국 이 사고실험은 어떤 경우에는 합리적 행동이 임의에 따른(따라서 비합리적인 행동. 물론 여기서 이 말은 추론의 결과가 아니라는 뜻은 아니다) 행동일 수도 있다는 제안을 담고 있는 셈이다.

바루흐 스피노자는 자유의지를 인용해 뷔리당의 당나귀 시나리오를 논박하려 했다. 그는 이렇게 썼다. 이런 식의 시나리오에 따라 굶어 죽는 사람이란 "당나귀, 아니면 인형일 뿐, 사람은 아니다." 스피노자에 따르면, 실제 인간은 "자기 자신을 결정지을 수 있으며, 이에 따라 자신이 가고자 하는 곳에 가고, 하고자 하는 것을 할 능력을 갖는다." 미카엘 하우스켈러 역시 자유의지가 결정론보다 앞서는가에 대한 문제를 제기하기 위해 이 시나리오를 제시했다. "당신이 **정말로** 자유로운지 확인하려면, 당신은 뷔리당의 불운한 당나귀와 같은 상황에 처해 있을 필요가 있다. 만일 당신이 그와 같이 균형 잡힌 상황에서도 무언가 결정을 내릴 수 있다면, 이를 통해 당신은 의지의 자유를 보여 주게 되는 셈이다." 이와 연관된 역설로 뉴컴의 역설(225쪽 참조)이 있다.

이 사고실험은 실재하는 당나귀를 통해서는 결코 수행할 수 없기 때문에 어떤 경우에는 무시되기도 한다(예를 들어, 구유 두 개가 완벽히 똑같이 매력적일 수는 없다). 하지만 컴퓨터 과학과 인공지능 영역에서 이 사고실험은 실제로 매우 유사하게 재현될 수 있다. 정확히 반대되는 입력값을 넣으면 회로나 프로그램이 멈추는 일은 충분히 예상할 수 있다. 이러한 시나리오는 저명한 과학 소설가 아이작 아시모프가 쓴 한 편의 로봇 소설에서 탐구되었다. 여기에 등장하는 한 안드로이드는 뷔리당의 당나귀 딜레마에 맞서느라 일시적으로 의사결정을 내리지 못한다. 가까운 미래에 자율 주행 자동차나 다른 유형의 자율 로봇들에게는 이러한 딜레마를 풀기 위한 프로그램이 필요할지도 모르겠다.

# 파스칼의 도박

(1662)

신이 존재할 경우, 신을 믿으면 무한히 큰 보상을 받는다. 하지만 신이 존재하지 않을 경우,
신을 믿는다고 해서 딱히 비용이 들지도 않는다. 따라서 합리적 선택은 신을 믿는 것이다.

이 논증은 프랑스의 수학자 블레즈 파스칼 이후 파스칼의
도박이라는 이름으로 불리게 되었다. 마지막 저술『팡세』에
서 파스칼은 신 존재에 대한 믿음을 옹호하는 가장 유명한
논증—'무한-무비용infinite-nothing' 논증이라 이름 붙여진—을
제시한다. 그는 이렇게 주장한다. 신을 믿는 것을 통해 "무
한히 행복한 삶을 얻을 수 있다는 의미에서 무한은 존재한
다." 이는 신이 실제로 존재할 경우 신에 대한 믿음이 사후
의 당신에게 천국을 선사해 줄 수 있기 때문이다. 반대로, 당
신이 신이 부재한다는 데 패를 걸었고 도박에서 패배한다
면, 당신은 저주를 받고 영원히 지옥에 머물러야 할 것이다.
파스칼은 신이 존재하지 않는 시나리오에서는 지옥에서의
영원한 시간을 비용으로 걸어야 하지만, 종교적 믿음의 비
용은 상대적으로 아주 작다고 가정했다. "그렇다면 이제, 신
이 존재하는지를 놓고 건 도박의 이득과 손실을 대조해 보

자." 파스칼은 이렇게 결론을 내렸다. "양측의 확률을 평가해 보라. 만일 당신이 이긴다면, 당신은 모든 것을 얻을 것이다. 만일 당신이 진다면, 당신은 아무 것도 잃지 않을 것이다. 그렇다면, 이 도박에서는 망설임 없이 신이 존재한다는 데 판돈을 걸어야 한다."

### 결정 이론

이 도박은 결정 이론을 다룬 가장 초기 진술이라 여겨진다. 이 이론은 오늘날 게임 이론, 다시 말해 결과를 수량화할 수 있는 의사 결정에 대한 연구로 알려져 있다(159쪽 죄수의 딜레마를 보라). 파스칼의 논증은 '결정 행렬'로 표현할 수 있다. 여기서 가능한 선택은 가로줄에, 각각의 가능 세계는 세로줄에 표기되어 있으며, 이들 변수와 연관된 결과는 행렬을 채우고 있다. 파스칼의 도박을 가장 간략하게 표현한 행렬은 다음과 같은 모습일 것이다.

| | 신이 존재한다 | 신이 부재한다 |
|---|---|---|
| 신의 존재에 판돈을 건다 | 내세에서 영원한 행복을 누린다 | 어떠한 이득도 손실도 보지 않는다 |
| 신의 부재에 판돈을 건다 | 내세에서 영원한 고통을 겪는다 | 어떠한 이득도 손실도 보지 않는다 |

## 최대 효용

이 행렬은 합리적 선택—다시 말하자면, 최선의 결과 또는 결정 이론의 용어로는 최대 효용을 내놓는 선택—이 곧 신의 존재에 판돈을 거는 것이라는 점을 명확히 보여 준다. 이 행렬은 몇 가지 가정에 기반한다. 예를 들어, 신의 존재 확률이 50:50(신이 존재할 확률이 50퍼센트)이라는 가정이 대표적이다. 이에 대응하는 한 가지 반대 방법은, 신이 존재할 확률이 극히 적다는 논거를 드는 것이다. 하지만 이런 반대는 이미 파스칼이 예견한 것이었다. 그는 신이 존재할 경우 신의 존재에 판돈을 거는 행위의 효용은 무한하기 때문에, 신의 존재 확률이 아무리 낮아도, 0보다 높기만 하다면 여전히 신의 존재에 판돈을 걸어야 한다고 주장한다. 무한은 무엇으로 나누든 무한이다. 하지만 여전히, 무신론자들은 신의 존재 확률이 0일 수 있으며 이에 따라 파스칼의 논증은 실패한다고 주장한다.

이 도박에 대한 또 다른 반론도 있다. 우리는 믿는 것을 마음대로 선택할 수 있는가? 다시 말해 진정한 믿음이 합리적 판단에 따라오는 것이 가능한가? 파스칼은 교회에 출석하고 미사에 참여하는 등 진정한 믿음을 가진 것처럼 행동하라고 조언한다. 하지만, 만일 신이 단순한 신심*devotion의

---

*  가톨릭의 번역어를 따랐다.

겉모습에는 반응하지 않는다면, 또는 일종의 "보상을 바라는" 믿음에는 반응하지 않는다면 어떻게 할 것인가?

## 다수의 신

도박 논리에 있는 가장 중요한 잠재적 결함은, 일반적으로 "다수의 신" 반론이라는 이름으로 불리는 주장으로 드러난다. 대체 어떤 신에게 판돈을 걸어야 하는가? 드니 디드로는 1746년 자신의 저술 『철학적 사유Pensées Philsophiques』에서 "이맘 역시 동일한 방식으로 추론할 수 있다"고 지적했으며, 오스트레일리아의 철학자 존 레슬리 맥키는 "구원의 길을 찾을 수 있는 교회는 로마 가톨릭 교회만이 아니며, 아마도 재세례파나 몰몬교도, 수니파 이슬람 또는 악마 숭배 집단에서도 구원을 찾을 수 있을 것"이라고 주장했다. 볼테르는 신의 존재에 판돈을 건다는 개념 자체를 경멸했으며, 파스칼의 도박은 신앙의 문제에 부적절하게 접근하는 시도라고 비난했다.

파스칼이 자신의 도박을 얼마나 진지하게 받아들였는지는 그리 분명하지 않다. 『팡세』에는 사후에 덧붙은 주석이 포함되어 있다. 이언 해킹의 고증에 따르면, "무한-무비용" 부분이 기반했던 본래 『팡세』의 원고 양면에 "사방 여백마다 빼곡히 글씨가 쓰인 두 장의 종이가 붙어 있었다. 이 페이지는 삭제, 수정, 삽입, 재검토로 가득 차 있었다."

# 로크의 잠긴 방

(1690)

자신이 방 안에 갇혔음을 깨닫지 못하는 한 사람이 있고, 그가 이 방 안에 머무르길 원한다고 상상해 보라. 그는 자신의 자유의지로 방 안에 머물고 있는 것인가? 선택의 여지가 없는데도 그는 이 선택에 도덕적으로 책임이 있는가?

잠긴 방 사고실험은 영국의 철학자 존 로크가 1690년에 제시한 것이다. 로크는 자신이 "인지하지 못하는" "자유의지"라는 말을 거부했으며, 우리가 의지를 가질 수 있는지가 더 중요하다고. "나는 의지가 자유로운지 묻는 질문은 적절하지 않고, 사람이 자유로운지에 대한 물음이 적절하다고 본다." 그는 중요한 것[자유]은 행동에 제약이 없는 것이라던 토머스 홉스의 주장을 발전시켰다. 만일 개인의 현실적인 또는 잠재적인 선택이 제약되어 있다면, 그는 필연성 아래에서 행동하고 있는 것이며 결코 자유롭다고 할 수 없다.

## 방 안의 사람

하지만 이런 입장이 자유와 결단력, 즉 무언가 하기를 원하거나 선호하는 인격 능력을 혼동하는 것은 아니다. 이를 명확히 하기 위해, 로크는 한 가지 사고실험을 제시한다.

어떤 사람이 잠에 곯아떨어져 있는 동안, 자신이 몹시 보고 싶어 하고 말을 섞고 싶어 하는 사람이 있는 방으로 옮겨졌다. 그런 후 그가 깨기 전에, 문이 굳게 잠겨 빠져나갈 수 없는 상태가 되었다고 가정해 보자. 그는 잠에서 깨어나서 자신이 그토록 열망했던 친구와 함께하고 있음을 발견하고는 기뻐했다. 그는 기꺼이 이 상태에 머물러 있기를 원한다. 다시 말해, 그는 방을 떠나기보다는 머물러 있기를 선호한다. 이 경우, 그는 자발적으로 머물러 있는 것일까? 나는 그가 자발적으로 머무르지 않았다는 점을 누구도 의심할 수 없다고 생각한다. 그에게는 머물지 않을 자유가 없으며, 결국 그에게는 방을 떠날 자유도 없다.[*]

로크는 이렇게 말한다. 문제의 사례에서 잠긴 방 안에 있는 사람은 자유의지에 대한 환상만을 가지고 있을 뿐이다. 이 사고실험은 결단력이 필연성과 함께 존재할 수 있다는 점을 보여 준다. "자발성은…필연성의 반대가 아니다."

---

[*]  존 로크, 『인간지성론』, 정병훈·이재영·양선숙 옮김, 한길사, 2014, 제2권 21장 힘 10절(354쪽) 참조.

왕자와 거지

로크는 동일성의 연속성이라는 쟁점을 탐구하기 위해 또 다른 사고실험을 제안하기도 했다. 어떤 왕자와 거지가 밤새 기억이 삭제되고 왕자의 몸에는 거지의 기억이, 거지의 몸에는 왕자의 기억이 깃들었다고 해보자. 여기서 누가 누구일까? 왕자가 거지의 기억을 얻었다고 해야 할까, 거지가 왕자의 몸을 얻었다고 해야 할까? 로크에게 이 사고실험은 인격적 동일성이란 곧 심적 동일성에 기반한다는 점을 보여 주는 사례로 취급되었으나(다시 말해, 거지가 왕자의 몸을 얻은 것이다). 이와는 다른 유형의 사고실험 또한 얼마든지 가능하다(255쪽 파핏의 원격 순간 이동 장치 사고실험을 보라).

### 프랑크푸르트 유형의 사례

미국의 철학자 해리 프랑크푸르트는 로크의 잠긴 방 사고실험과 유사한 여러 사고실험을 제시한 바 있다. 이 덕분에 오늘날 로크의 사고실험은 비록 '대안적 시나리오'를 배제한 것으로 평가받지만 프랑크푸르트 유형의 사고실험 중 첫 번째 사례로 널리 알려지게 되었다. 프랑크푸르트는 어떤 사람의 생각을 조작해 실제로 할 수 있는 것을 제외한 모든 선택의 가능성을 배제하도록 만들 수 있는 강력한 행위자 또는 실체(이를 행위자 "블랙"이라는 이름으로 부르자)를 등장시키는 사고실험을 제안한다. 잠긴 방과 프랑크푸르트 유형의 사례는, 선택을 제한하고 대안적 시나리오를 배제하는 결정론이 자유의지와 도덕적 책임과 양립할 수 있는지를 검사할 때 사용된다. 로크는 결정론이 도덕적 책임과 양립할 수 있다고 믿었지만, 잠긴 방 시나리오는 두 가지 방식으로 모두 해석될 수 있다.

## 도덕적 책임

그러면 이제, 문 건너편에서 무언가 사악한 일이 일어나고 있다는 것을 로크의 방 안에 있는 사람이 듣게 되었다고 해보자(물론 그는 이 문이 잠겨 있다는 사실을 모른다). 이때 이 사람이 상황에 개입하려고 시도하지 않는다면, 그에게 도덕적인 책임을 물을 수 있을까? 하나의 입장은 이런 식이다. 방 안에 자발적으로 머무르는 선택을 했기 때문에, 그에게는 도덕적인 책임이 **있다**. 또 다른 주장도 있다. 도덕적 책임은 그가 다른 방식으로 행동할 수 있는 경우에만 존재하는데, 우리가 이미 알고 있듯 로크의 방 안에 있는 사람은 여기에 개입할 어떠한 수단도 가지고 있지 않다.

여기서 고려해야 할 한 가지 중요한 사항이 있다. 방 안에 있는 이 사람이 최소한 방을 나가려고 시도할지 말지를 선택할 수 있냐는 것이다. 아마도, 도덕적 책임을 결정할 때에는 행동 또는 선택하려는 의도를 갖는 편이 행동 또는 선택을 성공적으로 수행하는 것보다 훨씬 더 중요할 것이다.

프랑크푸르트 유형의 사고실험에서 행위자 블랙은 실제로 이뤄진 것과는 다른 선택을 고려할 어떠한 가능성도 모두 봉쇄할 능력을 가지고 있다. 하지만 설사 이렇게 봉쇄가 이뤄진다고 하더라도, 우리의 도덕적 책임이 모두 제거되는 것은 아니다. 미국의 철학자 존 피셔는 이렇게 지적한다. "인간은 선택할 수 있고 자유롭게 행위할 수 있으며, 따라서 다른 방식으로 선택하거나 행동할 자유가 없다고 하더라도 도덕적 책임에 기반해 [자신을] 통제할 수 있다."

# 죄수의 딜레마

(1950)

만일 당신이 자백하고 내가 자백하지 않는다면, 나는 종신형을 받고 당신은 석방될 것이다. 그 반대도 마찬가지다. 만일 우리 모두가 자백하지 않는다면, 우리는 모두 가벼운 처벌을 받게 될 것이다. 하지만 만일 우리 모두가 자백하면, 우리는 모두 꽤 오랫동안 감방에 처박혀 있게 될 것이다. 아주 흥미롭게도, 우리 모두에게 논리적인 전략은 자백하는 것이다.

죄수의 딜레마는 게임 이론, 즉 경쟁 또는 갈등 상황에서 어떻게 의사결정을 하는지 수학적으로 연구하는 영역에서 고전적인 문제다. 게임 이론은 (카드 게임처럼) 하는 법이 정해져 있는 게임에 적용될 수 있으나, 외교나 경제학, 심지어 진화생물학 같은 더 넓은 영역에도 응용할 수 있다.

### 게임 이론

게임 이론에 대해 이뤄진 가장 이른 시기의 탐구는 파스칼의 도박(150쪽 참조)이라 할 수 있는데, 게임을 수학적으로 분석하는 일은 19세기에 이르기까지 이뤄지지 않았다. 이 주제는 헝가리 출신으로 미국에서 활동한 수학자 존 폰 노이만이 실내 게임parlour game에 대한 자신의 이론을 개괄적으로 정리했던 1928년 공식적으로 시작되었다. 게임 이론은 합리적 행위자(게임 참여자)가 자신이 사용할 전략 또는 행동을 통해 이득을 최대화하는 방법을 살펴보는 것을 목표로 한다. 게임 이론의 놀라운 발견 중 하나는 조금 덜 최적인 결과를 선택하는 것이 때로는 더 논리적이라는 사실이며, 이는 1950년에 개발된 죄수의 딜레마라는 게임 또는 시나리오를 통해 아주 분명하게 묘사할 수 있다.

핑거스 말론과 조니 투타임스라는 폭력배 두 명이 체포되어 서로 다른 방에서 심문을 받게 되었다. 경관들은 이들에게 다음과 같은 선택지를 제안한다. 만일 이들이 모두 침묵한다면, 더 적은 처벌을 받게 되며 1년만 수감생활을 하면 된다. 하지만 한 명만 자백한다면, 자백을 한 사람은 석방되지만 그렇지 않은 사람은 20년형을 받게 될 것이다. 두 사람이 모두 자백한다면, 둘 다 7년형을 받게 될 것이다. 이들은 어떻게 선택해야만 하는가? 언뜻 보기에는 모두 가벼운 형벌만 받을 것으로 예상되는, 모두 입을 다무는 전략이 더 나아 보인다. 하지만 이들의 전략과 그 선택의 결과가 다음 행렬에 배열된 대로라면, 방금 생각했던 것과는 다른 답이 나오게 될 것이다.

| | | 핑거스 말론 | |
| --- | --- | --- | --- |
| | | 자백 | 부인 |
| 조니 투타임스 | 자백 | 7/7 | 0/20 |
| | 부인 | 20/0 | 1/1 |

이 행렬은 부인 전략이 최악의 위험 대 보상 교환비(20년형의 위험 대 1년형이라는 보상)를 가지는 반면, 자백 전략은 좀 더 나은 교환비(7년형의 위험 대 석방이라는 보상)를 가진다는 점을 보여 준다. 또한 이들은 상대가 합리적 행위자라는 점을 안다. 따라서 동일한 합리적 평가 방법을 따라 동일한 논리적 결과에 도달할 것이다. 때문에 비록 자백의 결과로 1년형이 아니라 7년형을 받게 되더라도, 자백은 최적의 전략이다.

게임 이론, 특히 이 사례에서 제시된 것 같은 이론은 현실과는 관련이 적을 수도 있다. 게임 이론은 1994년 미국 정부가 대략 70억 달러에 휴대폰 전파 대역을 경매했던 사업 같은 대규모 미 연방 경매 사업에서 사용되었다. 《뉴욕 타임스》는 이 경매를 "지금까지 최대 규모의 경매"라고 부르기도 했다. 게임 이론은 미국의 주요 스포츠를 분석할 때 이런 결과를 내놓기도 한다. 좀 더 빠른 공을 던지는 투수는 실점을 2퍼센트 덜 허용하고, 팀에게 1년에 2승을 더 가져다준다. 반면 미식축구에서는, 패스 성공률을 56퍼센트에서 70퍼센트로 상승시킬 경우 시즌 승점을 추가로 10점 더 얻을 수 있었다.

## 칼이냐 말이냐

죄수의 딜레마에 대응하는 현실 세계의 사례는 분명 존재한다. 군축 조약을 체결한 두 나라가 있다고 해 보자. 과연 어떤 전략을 채택해야 두 나라가 체결된 조약을 지키는 방향으로 움직일 것인가? 마찬가지로, 순전히 합리적으로만 접근한다면 두 나라가 조약을 파기하게 되는 상황으로 귀결될지도 모른다. 이러한 고찰을 통해 두 나라 나름의 합리적인 추론을 차단할 수 있는 법률과 군건한 강제력이 필요하다는 점을 조명할 수 있을 것이다. 토머스 홉스의 비관적인 경구를 되새겨 보자. "칼 없이 체결된 서약은 그저 글자에 불과하다."

　이러한 이기적이고 냉소적인 전략이 어떤 경우에는 합리적이라면, 왜 사람들이 이런 전략을 좀 더 자주 사용하도록 진화하지 않았을까? 대부분의 인간 사회는 물론, 많은 동물 사회에 있는 이타주의나 협력과 같은 특징이 죄수의 딜레마의 성립을 방해하는 듯 보인다. 하지만 현실의 삶에서 결정적인 것은, 이러한 딜레마가 반복해서 나타나며, 이것이 대응 방법에 대한 계산을 변하게 한다. 컴퓨터 모델링은 딜레마 상황이 여러 차례 반복될 경우 최적 전략이 변화한다는 사실을 입증한다. 이타주의와 협력적 행동은 보상을 받고, 이기적 행동과 배신은 처벌받을 수 있다는 것인데, 이는 인간 사회에서 실제로 관찰되는 것이다.

# 트롤리 문제

〔1967〕

당신은 멀리서 달려오는 노면전차 차량을 다른 선로로 이동시킬 수 있는 선로전환기 레버
앞에 서 있다. 선로를 전환시키지 않는다면 그대로 열차가 달리게 될 선로 위에는 보선반원
다섯 명이 작업 중이다. 하지만 다른 선로 위에는 단 한 사람이 작업을 하고 있다. 당신은
다섯 명을 구하기 위해 한 명의 목숨을 대가로 선로전환기 레버를 잡아당길 것인가?

바로 이것이 도덕철학에서 가장 유명하고 널리 연구된 사고
실험인 트롤리 문제다. 이 사고실험은 좋은 결과의 크기를
최대화해야 한다는 공리주의적 원리(최대 다수의 최대 행복)에
문제를 제기한다. 물론 공리주의적 원리로는 이 상황에서
아주 간단하게 답할 수 있다. "한 명을 희생하여 다섯 명을
구하는 것이 더 낫기 때문에 레버를 잡아당겨야 한다." 하지
만 이 명백하게 간단해 보이는 문제에 수많은 혼동, 함축, 적
용이 가능한 다양한 문제들이 놓여 있다. 이와 관련해 "실험
전차학trolleyology[*]"이라고 불리는 하나의 분야가 등장했다. 이
문제는 미 육군사관학교 생도들에게도 교육되고 있으며, 무
인 운전 기술이 급속하게 발전하면서 시급히 연구되어야 할

[*]  조슈아 그린, 『옳고 그름』, 최호영 옮김, 시공사, 2017을 참조했다.

분야로 각광받고 있다.


폭주하는 전차

폭주하는 전차를 다루는 이 문제는 본래 영국의 철학자 필리파 푸트가 1967년 제안한 것이다. 그는 "철학자들에게 잘 알려진" 동굴 탐험가 팀의 사례를 들면서 논의를 시작한다. 그들이 들어가 있는 동굴 입구에 뚱뚱한 사람이 끼여 있는데, 물이 불어나면서 불어난 물에 익사할 것인지 다이너마이트를 던져 물길에 있는 장애물[사람]을 제거할지 선택해야 하는 기로에 놓여 있는 상황이다. 그는 이와 관련해 두 가지 시나리오를 제시했다. 하나는 인질 다섯 명을 죽일 수도 있는 폭도들을 진정시키기 위해 무고한 한 사람을 향한 사형 판결과 집행 여부를 판단해야 하는 판사의 사례다. 또 하나는 "폭주하는 노면전차의 기관사"를 다루는 시나리오다. 이 기관사는 다음 두 선로 가운데 하나로 진행 방향을 선택해야 한다. 한 선로에는 다섯 명이 작업 중이며, 다른 선로에는 한 명이 작업 중이다. 두 시나리오 모두 한 명의 목숨을 다섯 명의 목숨과 바꾸는 내용인 셈이다. 푸트는 이렇게 말한다. "문제는, 우리 대부분이 무고한 사람이 피해를 입게 될 것이라는 생각에 몸서리치면서도, 기관사가 사람이 적은 쪽으로 방향을 틀어야 한다고 왜 망설임 없이 말하게 되냐는 것이다."

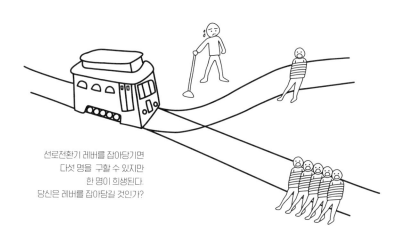

선로전환기 레버를 잡아당기면
다섯 명을 구할 수 있지만
한 명이 희생된다.
당신은 레버를 잡아당길 것인가?

선로전환기를 조작하는 것이 진정 도덕적인가?

### 대단히 흥미로운 문제

전차 문제는 1985년 미국 철학자 주디스 자비스 톰슨이 다루기 전에는 그다지 널리 사용되지 않았다. 톰슨은 이 문제를 "대단히 흥미로운 문제"라고 불렀다. 그는 또한 자신이 물어보았던 모든 사람들이 전차의 방향을 바꾸는 일이 도덕적으로 허용될 수 있다는 데 동의했으며 이 가운데 몇몇은 도덕적으로 그렇게 할 수밖에 없다고 주장했다고 적었다. 그는 이 문제가 정말로 그렇게 쉽게 풀 수 있는 것인지 궁금해졌고, 수많은 유사한 사고실험을 통해 이 쟁점을 탐구하기 시작했다.

먼저 그는 푸트의 "전차 기관사" 문제, 다시 말해 기관사가 전차의 방향을 통제할 수 있는 경우와, 톰슨이 "선로전환기 옆의 구경꾼"이라고 부른 경우, 다시 말해 전차의 진행 방향 앞에 있는 선로전환기 옆에 서 있는 구경꾼에 의해 전차의 진행 방향이 결정될 수 있는 경우를 구분했다. 이러한 구분을 통해, 기관사가 다섯 명의 죽음을 선택하는 경우보다는 구경꾼이 행동하지 않음으로서 다섯 명이 죽게 되는 경우에 어떤 행동이 작업자들의 죽음을 결정하는지가 더 잘 드러났다. 톰슨은 구경꾼들 대부분이 행동하기를 택하게 될 것이라고 생각했다.

### 뚱뚱한 남자

톰슨은 "뚱뚱한 남자"라는 이름을 붙인 변형된 두 번째 사고실험을 제안했다. 이 사례에서 당신은 전차 선로 위를 지나는 구름다리 위에 올라가 전차가 달려오는 것을 알아차리지 못한 채 작업하고 있는 선로 보수원 다섯 명을 살펴보고 있다. 당신 옆에는 뚱뚱한 남자가 있다. 그는 선로에 던져 넣으면 전차가 멈출 만큼 체중이 무거워 보인다. 물론 열차와 추돌하면 이 뚱뚱한 남자는 죽을 것이다. 당신은 그 난간 아래로 밀어 떨어뜨려 재난을 당하게 할 것인가? 많은 사람들은 톰슨에게 자신은 그렇게 하지 않을 것이라고 말했다.

　톰슨의 논문은 실험전차학 열풍을 불러일으키는 계기가 되었고, 이로부터 트롤리 문제에 대한 답변의 틀이 된 다섯 가지 윤리적 패러다임이 나타났다. (다음 사례에서는 설명을 위해 모두 구경꾼 사례를 사용할 것이다. 또한 여기서는 매우 폭넓고 간략한 용어로 상황을 요약할 것이다.) 공리주의적 응답은 이런 식이다. 구경꾼은 다섯 명 방향보다는 한 명 방향으로 선로전환기를 전환해야 한다. 이는 이러한 행동이 더더욱 그나마 나은 결과로 이어지기 때문이다. 덕분에 이러한 방침은 결과주의 접근이라는 이름으로 알려져 있다. 덕 윤리학자들 역시 선로전환기를 전환시켜야 한다고 말하지만, 그 이유는 그와 같은 행동이 구경꾼의 성격이나 자연스러운 경향에 부합하기 때문이라고 한다. 다시 말해, 선로전환기를 사용하는 것이 덕 있는 사람이 수행하게 될 행동과 부합한다는 의미에서 덕스러운 행동이기 때문이라고 본다. 의무론자들은 결과가 아니라 행동 자체의 올바름을 고려해야 한다고 생각하기 때문에 선로전환기를 전환하면 안 된다고 말한다. 목적은 수단을 정당화할 수 없다. 이 사례에서 아무런 행동을 하지 않았을 때 일어날 결과와는 무관하게, 수단은 의식적·자발적으로 사람을 죽이는 행동이다. 신명론자神命論者들은 선로전환기를 전환시켜서는 안 된다고 말할 것인데, 이는 "사람을 죽이지 말라"는 신의 명령을 의식적으로 위반하는 일이기 때문이다. 이러한 명령은 "공식적"인 명령이기 때문에, "부작위로 인하여 사람을 죽게 두지 말라"는 명령에 따라 개인이 내놓는 어떠한 윤리적 지침보다도 우월하다. 윤리적 상대주의자들은 어떠한 절대적인 또는 객관적인 윤리적 판단도 인정하지 않을 것이며, 따라서 문화적·개인적 규범을 살펴보아야 한다고 말할 것이다. 그런데 이러한 규범에 따르면, 누군가를 의도적으로 죽이는 행동을 하겠다는 판단은 문화적으로 부적절할 수 있다. 따라서 이에 따른다면 선로 전환기를 전환하지 말아야 할 것이다.

## 터널 문제

무인자동차 기술이 발달하면서 트롤리 문제는 자율적인 인공 행위자―자율 주행차―로 인해 곧 현실에서 이와 유사한 윤리적 딜레마가 벌어질 수 있음을 예시하게 되었다. 공학자들과 컴퓨터 프로그래머들은 자신들이 이러한 종류의 판단을 하기에 최적의 위치에 있지 않다는 사실을 깨닫고 있으며, 따라서 자율 주행차 개발자들이 철학자를 찾는 일도 늘어나고 있다. 예를 들어, 스탠퍼드 대학 교내에 있는 레브Revs 자율 주행 차량 프로그램은 철학과와 협업하고 있다.

자율 주행차가 달리는 세계에서, 트롤리 문제는 새로운 표준 패러다임으로 약간 재정식화되어야 한다. 어떤 자율 주행차 한 대가 편도 1차선인 산악 도로를 달리고 있다. 이 차량은 터널로 진입하던 와중에, 터널 입구에서 아이 한 명이 길을 건너고 있는 것을 인지했다. 차량에게는 오직 두 가지 선택지만이 주어진다. 아이와 추돌하지 않기 위해 길을 벗어나 터널 입구의 옹벽에 추돌해 승객을 죽이거나, 똑바로 운전해 아이를 죽이거나 이렇게 두 가지다.

터널 문제로 인해 발생하는 문제에 대한 한 가지 반응은 자동차가 어떻게 반응해야 하는지가 아니라 '누가 결정해야 하는가'를 묻는 것이다. 차량 설계자 손에 판단을 넘긴다면, 이는 곧 일종의 온정적 간섭주의paternalism에 따른 설계라 할 수 있다. 이는 차량에 탑승한 사람이 스스로 판단할 권리를 부인하는 설계이기 때문이다. 자신의 목숨과 관련된 판단을 내릴 권리가 존중받고 있는 의학 영역에서처럼, 탑승자 역시 판단을 내릴 책임을 계속해서 가지고 있어야 한다. 예를 들어, 어떠한 부양가족도 없는 승객 한 명뿐이라면 아이의 목숨을 구하기 위해 자신을 희생하겠다는 결정을 내릴 수도 있다. 여기에 답하기 위해 제시된 중요한 아이디어가 있다. 차량 승객이 그 내용을 설정할 수 있는 '윤리적 제어' 모드를 자율 주행 차량에 집어넣자는 것이 그 핵심이다. 그런데 이 경우, 차량의 설정을 바꾸고 오히려 적극적으로 사고를 선택하는 경우가 생겨 잠재적으로는 사고로 인한 부상을 증가시킬 수도 있지 않을까? 이 경우, 이런 설정을 해 놓은 승객은 부상이나 죽음을 모의한 혐의로 피소될 수도 있을 것이다. 하지만 만일 윤리적 제어가 차량 설계자의 손에 남아 있다면, 이들 설계자 역시 죽음이나 부상을 불러올 수 있는 편견에 찬 판단 방법으로 인해 지탄받을 수 있을 것이다. 결국, 이러한 유형의 트롤리 문제에서 훌륭한 답변은 존재하지 않는 셈이다.

# 케이크를 가장 공정하게 자르는 방법

(1971)

식민지 삶을 신대륙으로 출발하기에 앞서, 어떤 사람들에게 새로운 국가의 법률과 사회계약에 대해 구상하는 과제가 주어졌다. 정신을 통제하는 진보된 기술을 통해 이들의 머릿속에는 합리적인 사유 기능 외에 자신에 대한 모든 것이 지워졌다. 이들은 과연 어떤 종류의 사회를 설계하게 될까?

1971년에 펴낸 『정의론A Theory of Justice』을 통해, 미국의 철학자 존 롤스는 케이크를 분배하는 가장 공정한 방법이 무엇인지 제시한다. 그는 케이크가 공정하게 나뉘도록 보장하는 최고의 방법은 곧 마지막 조각을 가져갈 사람과 케이크를 자르는 사람을 같은 사람으로 만드는 방법이라고 주장했다. 이러한 방법은 케이크 분배자가 모든 케이크를 가능한 한 동등하게 분할하도록 동기를 부여할 것이다. 가장 작게 잘린 조각이 마지막에 남을 가능성이 매우 크기 때문이다. 케이크를 어떻게 나눌 것인지를 결정할 때 케이크 분배자는 다른 사람들이 케이크를 선택하는 방식에 대해서도, 또 어떤 케이크 조각이 마지막에 남게 될 것인지에 대해서도 알지 못할 것이다. 롤스는 이런 입장에 처한 사람은 다른 케이크 소비자의 입장에서 볼 때 그가 말하는 "평등의 원초적 입장"에 서게 된 것이며, 그 바깥에서 무슨 일이 일어날지 알지 못하는 "무지의 장막" 뒤에서 일하게 된다고 이야기한다. 이 방법은 그가 "공정으로서의 정의"라고 부르는 상태를 달성하는 가장 이상적인 방법이다. 이것이 "자신의 지속적인 이익에 관심을 기울이는 자유롭고 합리적인 사람들이 평등의 원초적 입장을 자신들이 이룬 결사의 근본적 원칙으로 받아들이겠다는 원칙"이다.

## 사회계약

이제 문제가 케이크가 아니라 사회이며, 케이크를 공정하게 나누는 방법이 아니라 사회를 통치할 최적의 계약을 고안해 내는 데 있다고 해 보자. 우리는 무엇을 해야 하는가? "사회계약social contract"이라는 말은, 바로 이 질문과 연관된 생각을 나타내기 위해 사용된다. 사회계약의 내용은 이런 식이다. 도덕이란 사회 구성원들 사이에 합의된 무엇이며, 그 구성원들이 숙고 끝에 자발적으로 합의한 계약의 산물이다. 이런 생각은 영국의 철학자 토머스 홉스에 의해 강력하게 뒷받침된 것이다. 그는 사회와 사회를 이루기 위한 계약의 이면은 자연 상태, 다시 말해 "고독하고, 가난하며, 역겹고, 야만적이며, 근시안적인" 삶이기 때문에 사람들은 사회를 이루고 산다고 주장한 사람이다.

그렇다면 사회계약의 기원은 무엇인가? 인간은 결코 사회가 아닌 상태에서 살아간 적이 없으며, 또한 사회계약이 결코 형식을 갖춰 명시적으로 체결된 적도 없으며, 사회 구성원들 대부분은 자발적으로 사회에 진입하지도 않았다. 부분적으로는 바로 이러한 이유 때문에, 모든 사회계약은 불완전하고, 심각한 불평등을 포함하고 있으며, 편견과 결함에 시달린다. 롤스는 어떻게 하면 공정하고 정의로운 사회계약을 체결할 수 있을지 상상해 보려 했다. 실제로 이를 수행하려는 모든 사람들이 마주하는 중요한 문제는 자기 이익을 넘어서 행동하는 일이 대단히 어렵다는 점이다. "만일 누군가가 자신이 부자가 될 것을 알고 있다고 해 보자." 롤스는 이렇게 지적한다. "그는 복지 법안을 시행하기 위한 다양한 세금을 정당하지 않은 것으로 간주하도록 하는 원리를 만드는 것이 합리적이라고 생각하게 될지도 모른다. 반면 그가 자신이 가난하게 될 것이라고 알고 있다면 그 반대의 원리를 택할 가능성이 매우 높다."

## 무지의 장막

이 문제를 풀기 위해 롤스는 평등의 원초적 입장에 서 있는 집단이 그려 낼 정의의 원리에 대한 사고실험을 제안한다. 이들은 자신의 사회적 지위, 성, 인종이나 "지능, 힘처럼 자연적으로 주어진 자산과 능력의 배분 면에서 얻게 된 행운"과 같은 측면에 대해 무지하다. 롤스는 심지어 사람들이 도덕이나 심리적 형질, 그리고 성격에 대한 선입견도 가지고 있지 않다고 가정한다. 롤스는 이런 상황을 다음과 같이 묘사한다. "정의의 원리는 무지의 장막 뒤에서 선택된다."

이러한 시나리오에서 롤스는 "자신의 이득을 미리 고려하려 하는 합리적인 사람은" 자유와 사회적 자원이 동등하게 분배되는 사회계약에 동의하게 될 것이라고 말한다. 사회계약을 체결한 사람들은 자신들이 개인적으로 가지게 될 신체적, 심적, 경제적, 사회적 조건에 대해 알지 못하기 때문에, 새로운 사회에 참여하게 되는 모든 사람들이 롤스가 말한 일차적인 사회적 자원을 공정하게 공유할 수 있도록 행동하게 될 것이다. 이런 자원 속에는 권리와 자유, 권력과 기회, 소득과 부가 포함된다.

## 편견에서 벗어날 수 있는가?

이러한 주장이 어떠한 불평등도 허용되어서는 안 된다고 하는 것은 아니다. 롤스는 사회적 자원은 "이런 가치가 불평등하게 배분되는 것이 모두에게 이득이 되지 않는 한 동등하게 분배되어야 한다"고 말한다. 사람들이 동등한 권리와 기회의 평등—교육과 고용 기회의 평등이 여기에 포함되며, 또한 개인들이 자신의 이익을 추구하고 자신의 자존감을 유지하는 데 필요한 최소한의 수단 역시 보장되어야 할 것이다—을 누리고 있는 한, 부와 지위의 불평등은 허용될 수 있다. 롤스가 심각하게 생각했던 중요한 잠재적 문제는, 상속을 통해 부를 축적한 사람이 롤스가 중요하게 생각한 기회의 평등을 순식간에 어지럽힐 수 있다는 것이었다. 롤스는 이러한 결말을 막기 위해 "[상속]자에게 돌아가는 몫에 대한…누진적인 과세의 원리"를 채택해야 한다고 주장했다.

롤스가 말하는 공정으로서의 정의가 실현된 사회계약이 함축하는 최종 결과는 일반적으로 미국보다는 유럽 일부에서 시행되고 있는 자유주의적 사회민주주의에 좀 더 접근해 있는 것으로 해석된다. 이는 무지의 장막 논증을 공격하거나 회의적으로 보는 입장을 설명할 수 있는 한 가지 요인이 된다. 이들 회의론자들은 사람들이 무지의 장막 뒤로 갈 때 자신의 편견, 선입견, 정치적 관점 등을 함께 가지고 갈 것이라고 주장한다. 예를 들어 보수적인 비판에 따르면, 오직 기회의 평등을 증진하고 소득의 불균등을 개선하는 데 사회민주주의적 정책만이 최적이라고 가정해야만 무지의 장막이라는 조건하에서도 사회민주주의가 나올 수 있다. 반대로, 보수주의자들은 상반된 가정에서 출발할 것이며, 그에 따라 사회계약은 이들의 정치적 관점을 반영하게 될 것이다. 이러한 독해에 따르면, 무지의 장막은 선결 문제 미해결의 오류를 범하고 있는 데다가 사람들의 편견과 정치적 관점 또한 반영하게 된다는 의미에서 완전히 그 초점을 잃은 사고실험이라고 볼 수 있다.

반대 논증도 있다. 롤스의 사고실험이 이러한 편견을 심도 있게 시험하도록 장려하기도 하지만, 특정한 사회계약을 체결할 때 사용하는 추론이나 모델화 과정을 정당화하기를 요구한다는 것이다. "평등의 원초적 입장"을 사회계약의 출발점으로 삼을 경우, 어떤 정치적 관점을 불러올 수 있는 특정한 변명이나 의심스러운 추론을 좀 더 쉽게 포착할 수 있다. 어떠한 좋은 실험이라도, 최고의 결과는 교란 변수를 통제할 때에만 달성할 수 있는 것이며, 바로 이런 통제야말로 롤스가 무지의 장막을 도입하면서 하려고 했던 일임을 기억해야 한다.

## 주디스 자비스 톰슨의 의식을 잃은 바이올리니스트

〔1971〕

어느 날 잠에서 깨어났을 때, 당신은 의식을 잃은 바이올리니스트와 당신의 몸이 붙어 있다는
사실을 알게 되었다. 당신의 신장만이 그를 살아 있게 해 줄 수 있다. 당신과 이 연주자를
분리하는 수술을 도덕적으로 허용할 수 있는가?

1971년, 미국의 철학자 주디스 자비스 톰슨은 학술지《철학
과 공공 정책Philosophy & Public Affairs》에 낙태권을 옹호하는 강력
한 논증을 담은 논문을 한 편 투고했다. "낙태 찬성" "낙태
반대" 캠페인 사이에서 벌어진 수많은 논쟁은 태아에게 인
격성을 부여할 수 있는지 여부를 놓고 이뤄지고 있다. 만일
태아에게 인격이 있다면, 임신 기간 중 어느 때부터 태아가
자연인에게 부여된 모든 권리를 가진 인격이 되는가? 톰슨
은 수태 순간부터 태아에게 인격이 있다는 주장에서 출발하
는 이 논쟁 전체를 우회하려 한다. 그보다 오히려, 그는 낙태
에 반대하여 제기된 "생명권" 논증을 공격하려 한다. 톰슨은
여성들에게 자신의 몸에서 일어나고, 몸에 대해서 이뤄지는
일들을 결정할 권리가 있으며, 이 권리는 태아의 생명권보
다 우선시된다고 주장한다.

이 논증을 완성하기 위해, 톰슨은 독자들을 다음과 같은 사고실험으로 초대한다. "당신이 아침에 일어나 보니, 침대에 모로 누워 있는 당신의 등에 의식을 잃은 바이올리니스트가 붙어 있었다." 이 바이올리니스트는 아주 유명한 예술가인데 마침 당신이 사는 도시를 방문했을 때 신장 기능을 잃게 되었고 이 소식을 들은 지역 음악 동호회에서 그를 구하기 위해 행동에 나섰다. 당신의 혈액형을 비롯해 여러 조건이 바이올리니스트와 일치한다는 사실을 알게 된 그들은 당신을 납치해 약을 먹이고 그의 피를 당신의 신장으로 보내 거르게 만드는 수술을 했다. 당신의 건강에는 큰 문제가 없다. 하지만 당신의 신장을 그의 혈관과 분리한다면 이 바이올리니스트는 곧 죽게 된다. 의사는 동정에 호소했다. "음, 음악 동호회원들이 당신에게 이런 짓을 해 버린 데 대해서는 유감스럽게 생각합니다. 무슨 일을 할지 알았다면 결코 이런 일을 허용하지는 않았을 겁니다." 하지만 일은 벌어졌고, 바이올리니스트의 생존은 당신에게 달려 있다. "그를 떼어내면, 그를 죽이게 될 겁니다. 하지만 너무 걱정하지는 마세요. 아홉 달만 참으시면 됩니다."

## 생명권

톰슨은 이렇게 묻는다. 당신은 바이올리니스트와 당신을 분리할 수 있는 권리가 있는가? 바이올리니스트의 생명권은 어떻게 되는가? 톰슨은 이 사고실험을 통해 "생명권"의 기반이 무엇이냐는 데에 도전장을 내민다. 생명권은 목숨을 지속하는 데 필요한 최소한의 요구 사항을 제공받아야 할 권리가 아니며, 어느 누구에 의해서도 살해당해서는 안 된다는 권리도 아니다. "생명권은 살해당하지 않을 권리가 아니며, 단지 정당하지 않게 살해당하지 않을 권리다." 그렇기 때문에 비록 바이올리니스트가 당신의 행동에 의해 살해당할 수 있다 하더라도, 당신의 행동은 부당한 것이 아니며, 따라서 이 사람은 부당하게 살해당한 것이 아니다. 따라서 그의 생명권은, 당신이 계속해서 그에게 묶여 있어야만 한다는 도덕적 책무를 당신에게 부여하지 않는다. 마찬가지로, 임산부 역시 태아를 계속해서 품고 있어야만 하는 도덕적 의무를 가지고 있지 않으며, 태아의 생명권은 "떼어냄"으로써 일어날 수 있는 죽음에는 적용되지 않는다.

톰슨의 이러한 사고실험에 대해 직관적으로야 낯선 성인과 당신의 태아 사이에는 커다란 차이가 있다고 비판할 수 있다. 둘 사이에 차이가 없다고 하면 비유가 성립되지 않을 것임에도 말이다. 하지만 비판자들은, 바이올리니스트와 태아 사이에 차이가 있어 비유가 불완전해지는 것이 아니라, 톰슨이 도덕적으로 무관하다고 생각했던 요소들(바이올리니스트는 완벽한 타인이지만 태아는 당신의 핏줄일 것이라는 둘 사이의 차이)이 실제로는 도덕적으로 유관하다고 주장한다. 그렇다면, 이 사고실험은 더 이상 목적에 부합하지 않게 된다.

### "떼어내다"

톰슨은 당신에게 당신의 몸과 바이올리니스트 사이의 연결망을 떼어낼 권리는 있지만 당신과 연결된 사람을 죽일 권리는 없다고 말한다. "나는 아직 태어나지 않은 아이의 죽음을 확보할 권리를 요구하는 것은 아니다. 당신에게는 태아가 목숨을 잃는 결과가 초래되더라도 당신과 태아를 분리할 수 있는 권리가 있을 뿐이다. 당신에게는 당신과 태아를 분리하더라도 태아가 죽지 않았을 때 다른 수단을 사용하여 그의 죽음을 보장받을 권리는 없다." 반낙태론자들은 낙태가 단순히 "떼어내는" 것이 아니며, 태아에게 독극물을 주입하거나 절단하는 과정이 들어 있다고 지적한다. 이는 당신에게 연결된 바이올리니스트의 혈관을 떼어내는 일보다는, 그를 난도질하는 일에 가깝다고 주장할 수 있다.

또한 반낙태론자들은 임신과 의식을 잃은 바이올리니스트 시나리오 사이에 있는 중대한 차이를 다음 질문을 통해 살펴야 한다고 주장한다. "대체 누가 바이올리니스트를 당신과 연결했는가?" 이 비유에서는 낯선 사람들이 당신의 개입 없이 바이올리니스트를 당신과 연결한 상황이었고, 합의하에 이뤄진 임신의 경우, 어머니는 태아와 "연결하는" 직접적인 역할을 한 것이다. 그들의 주장에 따르면 올바른 비교를 위해서는 당신이 (완벽하게 건강한) 바이올리니스트를 마취한 다음, 당신의 신장을 그의 혈관과 연결하여 만일 연결이 제거될 경우 그가 죽게 되는 상황을 임신과 비교해야 할 것이다. 상황의 성격이 달라진 이상, 당신의 도덕적 의무 역시 크게 달라질 것이다.

### 특수 사례

톰슨은 이런 지적을 받아들인 다음 이렇게 쓴다. "만일 태아가 모체에 의존적이라면, 어머니는 태아에게 특별한 종류의 책임을 가지고 있는 셈이다. 이 책임은 어떠한 독립적인 개인—그에게 완벽한 타인인 병든 바이올리니스트 같은—에 의해서도 성립할 수 없는 권리를 태아에게 부과한다." 물론 논문 전체에 걸쳐 톰슨은 이러한 주장에 반하는 논의를 계속하지만 말이다.

　이러한 비판 방식은, 바이올리니스트 사고실험을 사용한 반론이 오직 어머니의 동의와 무관하게 이뤄진 임신(예를 들어 강간으로 인한)의 경우에만 적용될 수 있다는 함의를 갖는다. 톰슨은 이러한 결론을 받아들인다. "내가 볼 때, 우리가 살펴본 논증은…어떤 경우에는 태어나지 않은 사람에게 어머니의 몸을 사용할 권리가 있을 수도 있으며, 따라서 어떤 경우에는 낙태가 올바르지 않은 살해라는 결론을 확립하는데 사용될 수 있다." 결국 톰슨은 이런 결론을 내린다. "비록 나는 낙태가 허용할 수 없는 것이라고 주장하지는 않지만, 낙태를 언제나 허용해야 한다고 주장하지도 않는다."

## 인격과 동의

모든 사람이 톰슨의 의견에 동의하지는 않는다. 영국의 철학자 사이먼 스미스는 앞서 살펴보았던 톰슨의 사고실험에 대한 비판들이 초점을 놓쳤다고 주장한다. 만일 우리가, 누군가의 몸을 그의 동의를 거친 다음 다른 사람을 위해 사용해도 되는지 여부를 판단할 권리를 부인한다면, 이는 곧 인격을 부인하는 것이다. 실제로, 스미스는 다른 사람—결국 여성—의 인격을 부인하면, 그들의 몸을 동의 없이 사용하는 다른 방식, 예를 들어 강간이나 폭행을 허용할 수 있게 될뿐 아니라, 우리의 인격 또한 부인하게 된다고 주장한다. 이는 우리의 인격이, 인격을 다른 사람들에게 어떤 방식으로 귀속시키는지에 의존하기 때문이다. "나는 다른 사람들과 '인격적'으로 관계할 때에만 하나의 인격이다." 톰슨의 논증이 2인칭으로 제시되어 독자에게 직접 질문하는 형식을 가지고 있다는 사실은 이런 점에서 매우 중요하다. 그의 주장은 젠더, 또는 여성의 재생산권에 국한하지 않으며, 모든 사람에게 적용된다.

# 지구라는 구명보트

(1974)

당신은 구명보트에 탑승한 50명 가운데 하나다. 이 보트의 정원은 60명이며 물자도 그에 맞춰 준비되어 있지만, 당신 주위에 대략 100명의 사람들이 구조를 요청하면서 아우성치고 있다. 당신은 이들을 당신이 탄 구명보트에 태워야 하는 도덕적 의무를 가지고 있는가? 만약 그렇다고 한다면, 대체 몇 명을 태워야 할까?

호주의 윤리학자 피터 싱어는 공리주의적 관점에 서서 우리에게 가난한 사람들을 도와야 할 도덕적 의무가 있다는 강력한 논증을 제시했다. "만일 우리의 힘이, 누구도 도덕적으로 중요한 희생을 치르지 않고서도, 무언가가 아주 나쁜 상황에 떨어지는 일을 막는 데 충분하다면, 우리는 그러한 일을 도덕적으로 반드시 수행해야만 한다." 1970년대, 그의 논증은 세계 인구의 폭발적 증가에 대응하기에는 이 행성의 생태적 자원이 부족할 수 있다는 상황 때문에 매우 긴요한 것으로 널리 알려지게 되었다. 이런 상황은 우주선 지구라는 개념을 통해 흥미롭게 예시되었다.

우주선 지구는 나사가 '푸른 구슬'이라고 이름 붙인 아폴로17호가 1972년에 전송한 사진에 붙은 이름이기도 하다. 이 사진은 지구의 생태계가 유일하면서도 사실 얼마나 깨어지기 쉬운 것인지를 대중들에게 쉽게 알 수 있는 방식으로 보여 주었다. 우주선 지구의 유비는 더 나아가 인류가 곧 이 우주선의 승무원이자 승객이라고 말한다. 인류는 이 우주선의 생명 유지 시스템이 얼마나 잘 유지되는지에 전적이고, 배타적으로 의존하고 있다.


## 구명보트 윤리학


1974년, 미국의 생물학자 개럿 하딘은 인류의 상황에 좀 더 알맞은 비유는 바다에 떠 있는 구명보트라는 내용으로 이뤄진 "구명보트 윤리학"이라는 글에서 이 쟁점을 좀 더 세밀하게 연구했다. 우주선에는 함장이 있고, 또 세계 정부가 없더라도 자원을 지속 가능하고 공평하게 분배하도록 설계된 명령 체계가 있다. 하지만 지구에는 그와 같은 장치가 설치되어 있지 않다. 따라서 그는 우주선 비유를 이렇게 대체해야 한다고 제안했다. "부국들은 비교적 부유한 사람들로 가득 찬 구명보트라고 비유해 보자. 보트의 주변에는 가난한 사람들이 헤엄치고 있다. 이들은 보트에 올라타거나 부의 일부라도 공유하기를 원한다. 승객들은 무엇을 해야 할까?"

하딘은 이번 장의 첫 부분에서 본 바와 같은 더 상세한 설명을 제시한다. 만일 물 위에 떠 있는 사람들을 모두 보트에 태운다면, 구명보트는 침몰하고 모두에게는 파멸이 다가올 것이다. 그런데 10명을 구출할 수 있는 공간은 남아 있다고 해 보자. 그렇다면 구할 사람들을 대체 어떻게 골라야 하는가? 하딘은 안전한 장소에 이르기 이전에 만날 수 있는 여러 위험, 예를 들어 태풍으로 인한 피해나 극단적인 날씨와 같은 상황에 견딜 수 있을 만큼 구명보트의 용량에 여유가 남아 있어야만 한다고 주장한다. 이렇게 볼 경우, 보트에 타고 있는 50명은 사람을 더 구출하려 하지 않을지도 모른다. 자신이 처한 상황에 죄책감을 느끼는 승객은 자신의 자리를 물에 있던 사람에게 넘겨주고 떠나야 한다. 물론 자리를 넘겨받는 사람은 이에 대해 죄책감을 가지지 않을 것이다.

## 후대의 요구

하딘은 구명보트가 자원을 공유할 때—이 자원들을 모두와 공유할 때—부담해야 하는 위험을 공유지의 비극과 비교했다(187쪽을 보라). 개별적인 합리적 행위자들은 자원을 보존해야 할 어떠한 동기도 가지고 있지 않으며, 따라서 자원은 언제나 다른 행위자들에게 소모될 뿐이다. 만일 부국이 자신들의 자원을 예를 들어 세계식량은행을 통해 공유한다면, 빈국들은 스스로 헤쳐 나가려는 노력(개발과 산아 제한을 통한)을 취할 어떠한 동기도 부여받지 않을 것이다. 결국 빈국들은 끝없이 이어지는 요구에 대응해 언제나 은행을 이용해 부국의 지원을 받으려 할 것이고, 부국들이 이에 대응해 자원을 투입하다 보면 결국 부국이 본래 가지고 있던 자원조차도 모두 고갈되는 사태가 벌어지고 말 것이다.

하딘은 구명보트 사례를 사용해 설명을 계속한다. 승객과 헤엄치고 있는 사람 모두에게 가장 좋은 것은, 어떻게 하면 구명보트를 만들 수 있는지 알려 주는 것이다. (체력이 고갈되어가는 와중에 수면 위로 머리를 내밀고 보트를 건조하는 것은 지나치게 어렵다는 지적도 있다.) 하딘은 이렇게 결론내린다. "가용 자원의 생산과 사용을 통제할 수 있는" 세계 정부가 없다면, "우주선에서 나눔의 윤리는 실현 불가능한 일이다. 예측 가능한 미래에 구명보트 윤리학에 따라 우리의 행동을 지배할 우리의 생존 욕구는 바로 그와 같은 나눔의 윤리 때문에 무너지고 말 것이다. 우리의 후세는 어떤 것에도 만족하지 못할 것이다."

영국 철학자 오노라 오닐은 1975년 "지구라는 구명보트"라는 제목의 논문을 통해 하딘에게 반박한다. 그는 "사람에게는 부당하게 살해당하지 않을 권리가 있다"고 주장하는 한편, "물자가 잘 준비된 구명보트에서, 죽음을 초래하는 방식으로 식량과 물을 배분하는 것은 곧 사람들을 살해하는 것이며 단순히 죽음을 내버려두는 것으로만 볼 수 없다." 하지만 오닐의 비유에는 하딘의 사례와 대조할 만한 매우 중요한 차이가 있다. 하딘의 비유에서, 세계는 바다였고 부국들은 구명보트였으며 빈국들은 바다 위에서 떠다니는 사람들이었다. 한편 오닐의 비유에서는 구명보트 자체가 지구였으며, 빈국과 부국의 차이는 이 선박 내부를 몇 개의 등급으로 나눈 것에 해당했다. 이 가운데 일등석에는 준비된 식량과 물이 "특별히 할당"되어 있다.

## 일등석 수하물

영국 철학자 줄리언 바지니는 하딘의 비유와 약간 다른 버전을 제시했다. 단 한 명의 사람만이 물 위에 떠 있고 구명보트에는 공간과 보급품이 넉넉해서 물에 빠진 사람을 보트에 들이더라도 구명보트의 생존율에는 아무런 지장이 없다. 단지 기존 승객들이 조금 불편해지는 것만이 피해일 것이다. 이 비유의 네 번째 버전은 일등석 승객의 커다란 짐으로 가득 찬 공간이 구명보트에 있고, 이를 모두 버리면 생기는 공간이 물에 빠진 사람들 대부분을 구할 수 있는 규모라는 내용으로 이뤄져 있다. 만일 일등석 승객들이 자신의 짐을 기꺼이 버리려 한다면, 배에는 더 많은 사람들을 수용할 수 있을 것이다. "일등석 수하물" 비유는, 일등석과도 같은 삶의 질을 누리는 선진국이 누리는 불균등한 생태적, 사회-경제적 발자국과 유사한 면이 있다.

하딘은 물에 빠진 사람들을 구출하다 보면 "공유지의 비극"이 일어날 것이라는 자신의 입장에 맞게 자신의 비유를 설정했다. 오닐의 비유는 의도적인 살해와 사람을 방치하여 죽음에 이르는 데까지 방치하는 행동을 구분하느라 다툴 가능성을 배제한다. 바지니의 비유는 물에 빠진 사람을 구하는 일을 상대적으로 사소한 일로 만든다. 때문에 이들 사고 실험에 (도덕적으로 중요한 희생을 치르지 않고서도, 나쁜 결과를 막을 수 있다면 그 일은 반드시 해야만 한다) 싱어의 테스트를 적용한다면 어떤 행동을 취하는 것이 도덕적인지가 매우 명백해진다. 마찬가지로, "일등석 수하물" 비유 역시 싱어가 말하는 "도덕적 중요성"이라는 문턱을 넘지 않을 것이다. 빈국과 세계 각지의 가난한 사람들에게 우리가 가지고 있는 도덕적 의무에 대해 구명보트 비유가 무엇을 말하고 있는지는 당신이 어떤 버전의 비유가 실재를 가장 잘 표현한다는 느낌을 받는지에 따라 달라질 것이다.

●●● 공유지의 비극

1968년 발표한 논문에서 하딘은 가능한 한 많은 소를 방목하고자 하는 "모두[모든 목동]에게 개방된 목초지"에 대해 언급했다. 목초지가 목동 한 명의 소유라면 그는 과도한 방목의 결과 초원이 황무지로 변하는 상황을 방지하기 위해 소의 숫자를 제한하는 데 관심을 기울일 것이다. 하지만 목초지가 공용이라면, "공유지의 본성에 따라, 목초지는 끔찍한 비극의 장소가 되고 말 것이다." 목동 중 누구도 자신의 소가 목초지에 난 풀을 뜯어먹는 것을 억제하려 하지 않을 것이기 때문이다. 목동 한 명이 소들을 자제시킨다면, 그 목동의 소는 죽고 그 빈틈으로 다른 목동의 소가 들어와 풀을 뜯게 될 것이다. 과도한 방목의 결과 결국 이 공유지는 황무지로 변할 것이고 모두가 굶주리게 되고 말 것이다. 이 암울한 비유는 점점 더 현실 세계와 더 잘 부합해 가고 있다. 특히 세계 수산업이 바로 그 현장이라 할 수 있다. 세계의 바다는 어느 나라에게도, 어느 수산 기업과 어부들에게도 관리해야 할 인센티브가 없는 국제 공유지이며, 때문에 세계 수산업은 예측 가능한 결과로 달려가고 있다고 할 수 있다.

# 제 다리 한 번 잡숴 보세요

(1980)

**잡혀 먹히는 것을 바라는 동물을 먹는 행위를 도덕적으로 용납할 수 있을까?**

더글러스 애덤스의 『우주의 끝에 있는 레스토랑The Restaurant at the End of the Universe』에는 자각 능력이 있는 소가 스스로 자신을 "오늘의 요리"로 제시하는 모습을 보고 지구에서 온 아서 덴트가 기겁하는 장면이 있다. 아서는 항의한다. "저는 나를 레스토랑으로 초대한 동물을 먹고 싶지 않습니다. 그건 너무 잔혹한 일이에요." 하지만 자포드 비블브록스는 이렇게 지적한다. "먹히기를 원하지 않는 동물을 먹는 것보다는 훨씬 나은 일 아닌가요?"

### 신체절단애호증

애덤스의 초현실적인 시나리오는 고기를 먹는 일뿐 아니라 반反직관적이며 명백히 자신을 해치는 것으로 보이는 신념이나 부탁을 옹호하는 사람을 향한 우리의 행동 윤리와 관련된 수많은 질문을 제기한다. 오늘의 요리는 신체절단애호증apotemnophilia, 좀 더 정확히 말해 사지 동일성 장애amputee identity disorder 또는 신체 통합성 장애body integrity identity disorder* 를 보이는 사람이 제기하는 도덕적 딜레마와 매우 유사한 반응을 불러일으키는 듯하다. 이 장애는 어떤 사람이 자신의 신체 부위를 자신의 몸이 아닌 것으로 느끼는 증상을 의미하며, 때때로 환자는 심각한 고통에 시달리는 한편 불쾌감을 주는 신체 부위를 외과적으로 제거하고자 하는 지속적이고 강력한 욕구를 느낄 수도 있다.

스스로를 "사지절단 지향자"라고 부르면서 사지 절단을 원하는 신체 통합성 장애 환자에게 외과 수술을 시행하는 일과 관련된 도덕적 쟁점과 논쟁은 2000년에 수많은 언론이 스코틀랜드의 외과 의사 로버트 스미스의 행동에 주목하면서 첨예하게 달아올랐다. 스미스는 요청을 받고 지향자 두 명의 다리를 절단했으며, 세 번째 환자의 수술을 준비하던 중에 취재 열풍이 휩쓸자 수술을 포기하고 말았다. 신체 절단 지향자에 대한 기록은 1785년으로 거슬러 올라간다. 프랑스의 외과 의사이자 해부학자인 장 조제프 수는, 자신의 다리를 절단하는 데 상당한 금액을 제공하겠다고 제안하면서 수술을 거부하자 총을 들이대고 수술을 강요했던 영국인 환

---

* 『정신질환의 진단 및 통계 편람(DSM-5)』 참조.

자에 대한 기록을 남긴 바 있다. 스미스가 단행한 수술의 경우, 환자들은 스미스와 심리 치료사들에 의해 신중하게 평가되었으며, 판단을 내리기에 앞서 충분한 검토가 이뤄졌다. 스미스는 첫 번째 수술을 그가 집도한 수술 가운데 가장 만족스러웠다고 평가했으며, 언론에 이렇게 말했다. "나는 내가 이 환자들에게 올바른 일을 했다는 사실을 추호도 의심하지 않습니다."

## 혐오 요인

절단 수술을 받은 두 명의 환자들은 증상이 크게 줄어드는 효과를 얻었으며, 이제는 즐겁고 만족스러운 삶을 살고 있다고 주장했다. 하지만 전문가와 일반 대중들은 신체 통합성 장애 환자의 욕구에 따라 자발적인 신체 절단을 수행하는 것은 도덕적이지 않으며 비윤리적이고 유쾌한 일도 아니라고 보았다. 이러한 직관적인 "혐오스러운 요인"이라는 답변에 답하기 위해서는 윤리학적으로 조심스러운 숙고가 필수적이다. 《응용철학Journal of Applied Philosophy》지에서 팀 베인과 닐 레비는 이런 식으로 지적했다.

정보에 의한 자율적인 욕구를 심각하게 고려해야만 한다는 점은 의료 윤리에서 아주 잘 정립된 준칙이다. 개인이 가지고 있는 선에 대한 입장은 의료적 의사 결정이라는 맥락에서 반드시 심각하게 고려되어야

## 캐치 22

이어서 두 저자는 이러한 입장에 대한 다양한 반대를 고찰한다. 한 가지 반대는 캐치 22 논증이라는 이름을 가지고 있다. 이 논증은 사지 절단 지향자들은 (합리적인 판단을 할 수 있다는 의미에서) 사지 절단을 판단할 만한 적절한 능력이 없다고 말한다. 이런 관점을 미국의 의료윤리학자 아서 캐플란은 이런 식으로 간략하게 표현한다. "당신이 주변에서 돌아다니고 있는 광인으로부터 '제 다리를 썰어 주세요'라고 들었다고 해 보자. 이것은 분명, 그 광인이 누군가를 해치는 일에 동의한다는 뜻일 것이다."

하지만 사지 절단 지향자들이 자신의 사지에 대해 지닌 믿음이 비합리적이라 하더라도, 이들 스스로의 반응은 그들 자신에게 매우 강력할 것이며 망상을 진정시키는 효과 역시 분명히 검토되어야 한다. 망상 진정 효과를 감안해서 대처하는 것은 분명 합리적이다. 대단히 유사한 사례를 수혈 치료를 거부하는 여호와의 증인이 주장하는 종교적 믿음에서 찾아볼 수 있다. 이들의 믿음은 비합리적인 듯 보이지만, 일단 받아들이고 나면 이들의 행동은 정보를 바탕으로 한 것이고 합리적이다.

여기서 검토할 또 다른 사항은, 일생 동안 자신의 다리를 자신의 신체라고 느끼지 않았다는 사실이 바로 그 자신이 누구인지에 대한 생각의 일부분이라는 사실이다. 그렇기 때문에 다리에 대한 그들의 느낌을 변화시켜도 좋을지를 묻는 것은 곧 그 자신을 바꿔도 좋은지 묻는 것과 마찬가지다. 이와 비슷하게 일생 동안 시력 없이 살았기 때문에 개안 수술을 시켜 주겠다는 제안을 거절하는 노인에 대해 생각해 볼 수도 있다. 또 개인적인 허영으로도 성형수술을 받을 수 있게 된 사례 역시 생각해 볼 만하다. 실제로, 애호증 환자에게 절단 수술은 치료 효과를 줄 수 있기 때문에, 외과 수술은 공리주의적 기반을 얻는다. 아직 충분하지는 않지만, 베인과 레비에 따르면 "절단 수술에 성공한 사람들이 유의미하고 지속적인 행복 증진을 경험하는 것으로 나타났다"는 의견을 뒷받침하는 증거가 많이 있다.

## 의식이라는 문턱

따라서 의식 능력이 있으면서, 자신의 일부가 먹히기를 바라는 동물의 일부를 먹는 것은 충분히 윤리적일 수 있다. 물론 현실에서 식용 동물이 이러한 수준의 의식을 가지고 있지는 못하며, 이 사실은 육식을 정당화하는 데 사용되는 논거 가운데 하나로 사용된다. 1975년 발표되었으며 동물권 운동을 촉발시킨 기념비적 저술로 간주되는 『동물 해방Animal

Liberation』에서, 호주의 저명한 윤리학자 피터 싱어는 "먹는 것을 옹호할 수 있는" 동물은 어떠한 유형의 의식이라도 가지고 있을 가능성이 매우 낮은 굴이나 홍합 등의 패류뿐이라고 주장한다.

하지만 대부분의 문화에서, 대부분의 사람들에게, 고기를 얻기 위해 죽이는 것을 허용할 수 없는 동물의 기준을 "의식 문턱" 위에 설정하는 것은 받아들이기 어려운 일이다. 예를 들어, 서구 문화에서 대부분의 사람들은 고기를 얻기 위해 침팬지를 죽이는 것은 역겨운 일이라고 생각한다. 하지만 그렇다면 대체 정확히 어느 지점에 이 문턱을 설정해야만 하는가? 소고기를 먹는 사람들은 소가 이 기준선 아래에 있다고 생각하지만, 채식주의자들은 그렇지 않다. 버지니아 울프는 이러한 채식주의자들의 추론 방법을 "인간성으로부터의 논증"이라고 불렀으며, 매우 약한 주장이라고 생각했다. "돼지는 베이컨을 원하는 어떠한 사람보다도 더 선명한 이해관계를 가지고 있다. 만일 전 세계인이 유대인이었다면, 인류 곁에는 돼지가 전혀 없었을 것이다." 이러한 사고방식은, 육식의 윤리를 인구 윤리학이라 불리는 철학의 한 분야와 연결시킨다.

## 목숨이 긴 굴

인구 윤리학에서 나온, 먹히기 위해 존재하는 것이 존재하지 않는 것보다 더 나은 것이냐 하는 질문은 데렉 파핏이 비동일성 문제라고 부른 문제 가운데 일부다. 파핏은 인구 윤리학의 원리를 이렇게 말한다. "동일한 수의 사람들이 살고 있는 두 가지 가능한 결과를 대조한다고 해 보자. 만일 어느 한쪽에서 사람들의 삶이 더 악화되거나 삶의 질이 더 낮아졌다면, 그쪽 결과가 좀 더 나쁜 것이다."

하지만 좀 더 실질적인 쟁점은, 판단을 내려야 할 두 결과 속에서 살고 있는 사람의 수가 동일하지 않을 때 생긴다. 이런 상황이 제기하는 문제를 자원 고갈 문제라고 부른다. 다음 세대의 욕구를 위해 현재 자원을 보존하는 것이 옳은가? 자원 보존은 다음 세대의 숫자를 감소시키는 것을 의미할 수도 있다(우리는 출생률을 조절하여 자원을 보존하는 방법을 택할 수 있기 때문이다). 하지만 다음 세대에 더 많은 사람들이 살아 있게 하기 위해 더 많은 아이를 낳아 자원을 고갈시키는 것이 더 나은 선택일지도 모른다. 이 문제를 조금 다른 방식으로 기술하면 이런 내용일 것이다. 세계 인구를 120억 명으로 늘려 낮은 삶의 질을 감수하면서 살아가게 하는 것이 더 나은가, 인구를 그 절반으로 유지하여 높은 삶의 질을 유지하는 것이 더 나은가?

어떤 공리주의자들은 "복지 총량의 원리", 다시 말해 두 결과에 인구를 생활수준으로 곱한 값을 비교하는 방법을 사용해야 한다고 주장할 것이다(즉, 최고의 결과는 삶을 가치 있게 만드는 요소들의 양이 최대치인 경우일 것이다). 하지만 이러한 추론은 이른바 불쾌한 결론으로 이어질 듯하다. 수백억 명의 가난한 사람이 지구상에 살고 있는 상황이 최고의 결과라는 결론이 나올 수 있기 때문이다(1000억×0.1 〉50억×1). 다른 사례를 사용해 보자. 오래 사는 굴이 단명하는 인간보다 더 나은 것인지를 묻는 경우가 있을 수 있다. 이 굴은 아주 낮은 수준의 감각만을 가지고 있고 이에 따라 낮은 삶의 질을 누리고 있다. 하지만 만일 이 굴이 수백 년 넘게 살 수 있다면, 한 명의 인간이 일생 동안 얻을 수 있는 모든 복지보다 훨씬 더 큰 복지를 얻을 수 있는 것 아닌가?

이처럼 문제를 불러오는 복지 총량의 원리보다는, 평균 복지의 원리에 주목해 볼 수도 있을 것이다. 이는 최고의 결과는 평가 시점에 살고 있는 존재들이 각각 누리고 있는 복지의 수준이 어떻든 그 평균 수치가 가장 높은 상황이라고 주장한다. 하지만 이런 입장에는 모순적인 함축이 있다는 것이 사실이다. 예를 들어, 이 입장에 따르면 아담과 이브는 결코 아이를 낳아서는 안 되었다. 지구상에 오직 두 명의 사람만이 존재할 때, 평균 복지가 최대 수치를 기록할 것이라는 사실은 아주 간단한 산술적 계산을 통해 파악할 수 있는 일이기 때문이다.

# 마이너리티 리포트

(2001)

범죄 예측 컴퓨터가 지금으로부터 6개월 뒤 X라는 사람이 어떤 빌딩을 폭파시킬 것이라는 경보를 울렸다. 하지만 당신이 X를 체포해 조사해 보았을 때, 그는 폭발물 제조 방법에 대해 알지도 못했으며 현재로서는 어떠한 시설도 폭파시키려는 의도를 가지고 있지 않았다. 하지만 예측 컴퓨터는 결코 틀리지 않는다. 그렇다면 그를 구금하는 것이 옳은가, 그렇게 하지 않는 것이 옳은가?

예방적 사법 시스템Pre-emptive justice은 2001년 개봉한 영화 〈마이너리티 리포트〉의 주제로 널리 알려져 있다. 이 영화는 필립 K. 딕이 1956년 발표한 단편소설을 바탕으로 한다. 영화에서 프리크라임pre-crime은 미래의 살인 사건을 예방하기 위해 미래를 예측하는 능력이 있는 돌연변이들이 제공하는 영상 정보를 활용한다. 이 정보는 수사 반장 앤더튼(톰 크루즈가 맡았다)에게 제공되어 살인 사건을 예방하고 미래의 살인자들을 구금하는 일을 가능하게 만들었다. 그런데 어느 날, 자신이 만나 본 적 없는 사람을 살해할 것이라고 예측했음을 알게 된 앤더튼은 체포를 피해 도주하기 시작하며, 그 과정에서 이른바 "마이너리티" 리포트, 다시 말해 자신이 누군가를 죽인다는 예측과 반대되는 정보를 입수하게 된다. 이 정보는 오류를 범하지 않을 것이라고 간주되어 사법 시스템의 기반이 되었던 미래 예측이 실제로는 오류를 범할 수 있다는 사실을 보여 주는 것이었다. 나아가 앤더튼은 자신이 단지 예언 때문에 살인자로 쫓기고 있다는 사실을 알게 되었다. 이 예언은 자기 충족적 예언이었던 셈이다. 이와 평행적인 예로 서두에 제시한 시나리오에서 X는 결코 관여한 적 없는 테러 계획 때문에 구금되었으므로 과격해졌으며, 이제 자신에게 가해진 부정에 보복하기 위해 범죄를 저지를 구상을 한다.

### 아직 일어나지 않은 범죄

예방적 사법 시스템은 도덕과 법률에 관련된 쟁점이다. 비록 마이너리티 리포트 스타일의 사고실험이 이러한 쟁점을 매우 날카롭게 드러내기는 하지만, 이것이 소설 속 세계에서만 문제가 된다고 할 수는 없다. 법률은 이미 아직 이뤄지지 않은 몇 가지 행동을 범죄로 규정하고 처벌하고 있다. 예를 들어, 당신은 살인 모의, 난폭 운전(어떠한 사고도 일어나지 않았다고 해도), 테러 모의만으로도 수감될 수 있다. 법률에서 이들 행위는 무모한 위험 행위로, 기수 행위completed attempts[*]로 간주된다. 범죄 행위는 그 행위를 수행하는 데 필요한 모든 것을 갖췄다고 판단하는 사람에 의해 이뤄지며, 이런 조건

[*] 반대말은 미수

을 만족하는 행위자들은 범죄를 예방하기 위한 완전한 통제를 넘어선 곳에 있게 된다. 예를 들어 난폭 운전은 범죄인데, 이는 일단 난폭 운전이 시작되면 교통사고가 발생할지 여부는 운전자의 통제를 벗어나기 때문이다.

하지만 어떤 범죄는 행위자가 여전히 위험 행위나 불법을 범할지 여부를 선택할 수 있는 상황에서 일어날 수 있다. 미국의 법학자 래리 알렉산더와 킴벌리 케슬러 퍼잔은 이를 불완전 범죄inchoate crime라고 불렀다. 마이너리티 리포트에서 벌어진 일은 바로 이 범주에 들어갈 것이다.

### 비난할 만한 행위

알렉산더와 퍼잔은 왜 이러한 불완전한 범죄를 실질적인 죄라고, 그들의 말을 빌리자면 비난할 만한 행동이라고 불러야 하는지 일련의 설명과 해명 시나리오를 제시했다. 이들은 단순히 무언가를 원하거나 환상을 품는 것만으로는 비난할 만한 행위가 아니라고 주장했는데, 이는 어떠한 경우에도 행위가 아니기 때문이다. "오직 자발적인 행위만이 비난할 만하며 대응할 가치가 있다. 비난할 만한 행위에 대해 취하는 태도 그 자체는 비난할 만한 것이 아니다."

이들은 또한 범죄를 범하고자 하는 의도가 어떤 조건을 만족시켜야 하느냐는 쟁점도 건드린다. 로키라는 사람이 권총 소지 면허를 발급받았다고 해 보자. 그가 권총을 소지하는 이유는 단 한 가지다. 자신의 부인이 다른 남자와 있을 경우 그 여자를 쏘아 죽이려는 것이 바로 그 이유다. 하지만 로키는 부인이 신의가 깊다고 확신하고 있으며, 결코 그 여자가 다른 남자와 함께 있는 모습을 보게 되리라고는 생각하지 않고 있다. 로키가 이러한 살해 의도 때문에 비난받아야 하는가? 범죄 행위를 실제로 계획했었지만, 이후 마음을 바꾼 사람은 어떻게 평가해야 하는가? 당신이 12월에 백악관을 폭파하겠다고 마음먹고, 1월부터 6월까지 이를 심혈을 기울여 준비한 후, 7월에 심경의 변화를 일으켜 테러 계획을 중지했다고 해 보자. 이런 상황은 당신의 죄가 당신이 체포되는 경우에만 전적으로 의존한다는 뜻일까?

### 1퍼센트 원칙

〈마이너리티 리포트〉가 개봉했던 해에, 이러한 쟁점들은 현실 세계에서 큰 주목을 받게 되었다. 9/11 테러의 충격 때문에 부시 행정부는 테러와 싸우고 예방하기 위한 예방적 행동이 따르게 될 새로운 원칙을 국제적 영역과 국내 영역 모두에 걸쳐 개발하고 받아들이게 된다. 부통령 딕 체니는 이를 "1퍼센트 독트린"이라고 규정했다. 만일 누군가가 미래에 테러에 가담할 확률이 1퍼센트가 넘는다면, 정부에서 이러한 잠재적 테러 행위를 예방하기 위해 이 사람이 범죄를 범했다고 간주하고 행동에 나서는 것이 정당화된다는 내용이 바로 이 원칙이다. 좀 더 구체적으로 말해, 이는 용의자가 범하게 될 듯한 범죄를 유도하겠다는 의미였다. 이에 따라 연방 수사국은 이른바 위장 교사 요원을 사용해 용의자를 함정에 빠뜨리는 매우 논란의 여지가 큰 프로그램을 가동하기 시작했다.

유명한 사례를 하나 들어 보겠다. 뉴욕주 올버니에서는 2004년에 지역 이맘이었던 야신 알레프가 다양한 정황 증거에 기반하여 수상한 사람으로 지목되었던 바 있다. 그런데 이 정황 증거는 FBI가 만들었다. 그가 미사일을 테러리스트들에게 판매하려는 계획(이 계획 자체에 FBI가 개입해 있었다)과 연관된 것으로 의심된 남자 두 명에게 돈을 빌려주었다는 증언이 나왔기 때문이다. 알레프는 유죄 판결을 받았고, 금고형 15년을 선고받았다. 2007년, 검사는 FBI의 작전과 그에 뒤이은 기소가 정당하다고 주장했다.

[알레프가] 실제로 테러 행위에 가담했는가? 물론 우리는 그러한 증거를 확보하지는 못했다. 하지만 그는 그와 연관된 이데올로기를 믿고 있다. 우리의 수사는 그가 여기서 무엇을 하게 될 것인지를 초점에 두고 이뤄졌고, 또한 우리가 밟아 나가야 했을 여러 단계를 예방하기 위한 것이기도 했다.

미국의 정치학자 신시아 웨버는 이렇게 논평한 적이 있다. "부시 행정부는 자신들의 예방적 사법 시스템이 평가하는 범위를 행위에서 (예비적) 생각으로 확대시켰다." 그는 이러한 정책이 "의식되지 않은 것을 구체화시키는 일"이라고 주장했다. 이러한 유형의 예방적 사법 체계는 제러미 벤담이 말했던 이상적인 감옥인 판옵티콘, 다시 말해 어떠한 사적인 공간도 없이 영속적 감시가 이어지는 감옥과 자주 비교되었다. 예방적 범죄 감시가 사회 전체를 판옵티콘으로 만들어 버릴지도 모른다는 경고와 함께했다. 프랑스의 철학자 질 들뢰즈는 "통제 사회는 훈육 사회의 자리를 이어받았다." 고 말했다. 하지만 〈마이너리티 리포트〉의 시나리오가 지적하듯, 통제 체계는 언제나 인적 오류나 체계의 오용, 부패에 취약할 수밖에 없으며, 또한 자기 충족적 예언을 발동할 위험 또한 품고 있다.

지식—그 본성과 획득—에
대해 탐구하는 철학 분야를
인식론이라고 부른다.
이 장에서는 지식의 본성과
우리가 무언가를 알 수 있기는
한 것인지를 탐구하기 위해
인식론으로 해석할 수 있는
사고실험과 역설을 다룰 것이다.

Part IV

# 우리는
# 무엇을
# 알 수 있는가

# 플라톤의 동굴 우화

(BC 380)

> 실재의 참된 모습을 볼 수 있게 해 주는 철학적 계몽 없이는, 우리는 동굴 입구에 있는 불에 비춰진 그림자를 보고 그것을 실재의 참된 모습으로 오해하는 동굴 속 죄수의 처지를 벗어날 수 없다.

위 구절은 플라톤이 제시한 동굴 우화에서 알맹이로 삼는 부분이다. 이 우화는 그의 책『국가』제7권에서 철학자 소크라테스의 입을 빌려 제시된 사고실험이다. 플라톤의『국가』(기원전 380년경)는 지혜롭고 자비로우며 청렴한 철학자 왕과 일련의 철학적 교리에 의해 통치되는 도시국가라는 일종의 유토피아를 만드는 방법과 사람들을 교육하거나 스스로 계몽할 수 있게 하는 과정에 대한 대화록이다. 동굴 우화에서 핵심적인 것은 이데아 이론이다. 이 이론에 따르면, 우리가 보고 들을 수 있는 것은 오직 실재의 참된 본성의 그림자 또는 반영뿐이다. 일상에서 사용되는 개념이나 사물들은 불완전한 인간의 감각으로 인식되는 것이며, 그에 대한 해석 역시 세계에 대한 우리의 불완전한 이해력을 바탕으로 한다.

예를 들어 당신이 말 한 필을 보았다고 해 보자. 당신은 이 생물의 특정한 사례를 하나 보았을 뿐이다. 이 사례는

"'말'다움"의 본질을 드러내기는 하지만 오직 말의 이데아를 반영하고 있을 뿐이다. 플라톤에게, 이 궁극적인 이데아는 좀 더 높은 차원의 실재였으며, 또한 그는 사람들이 이러한 높은 차원을 이해하는 일을 철학 교육이 도울 수 있다고 주장했다. 동굴 이야기는 이러한 계몽의 경로를 나타낸 하나의 우화인 셈이다.

### 동굴 속 죄수들

동굴 우화의 가장 간략하고 대중화된 버전에서 죄수들은 사물의 참된 형상으로부터 비추어 나오는 그림자를 관찰하고 있다. 실제 플라톤의 우화는 그림자놀이와 실재 사이에 있는 것들을 좀 더 복잡한 단계로 나누어 설명한다. 소크라테스는 움직이지 못하게 묶여 있으며 고개를 돌릴 수도 없는 죄수들로부터 이야기를 시작한다. 이들의 등 뒤에는 나지막한 벽 위에서 불이 타오르고 있다. 이 벽 아래에는 인형사가 있으며, 이 인형사는 죄수들이 볼 수 있는 벽 위에 인형 그림자가 생기게 하는 방식으로 그림자 인형놀이를 한다. 소크라테스에 따르면, 죄수들은 "오직 타오르는 불의 반대편 벽에 드리우는 자신 또는 서로에게 주어진 그림자만을 보게 된다." 다른 실재에 대해 알지 못하는 상태에서 "그들에게 진리는 문자 그대로 그림자로 된 이미지 말고는 아무 것도 아니다."

이어서 소크라테스는 속박에서 풀려난 죄수들이 어떻게 반응하는지 이야기한다. 가장 먼저 고개를 돌릴 수 있게 된 죄수는 인형놀이용 인형을 보고 지금까지 자신이 보았던 이미지가 다름 아닌 실재하는 물체의 그림자였음을 깨닫는다. 자유롭게 풀려나 걸어서 돌아다닐 수 있게 된 이 죄수는 이들 인형이 단순히 인형사의 손에 의해 조작된 꼭두각시에 불과했다는 사실을 알게 된다. 동굴을 떠나 햇빛 가득한 세계로 들어온 이 죄수는 인형들 그 자체가 실재의 모방에 지나지 않았음을 파악하게 된다. 마침내 그는 높은 산에 올라 모든 빛의 근원인 태양을 보게 되며, 자신이 실재의 참된 본성을, 다시 말해 이 세상에 있는 이데아의 사례들이 단순히 일종의 모조품이었음을 알 수 있는 계몽된 상태에 도달했다는 사실을 깨닫게 된다. 소크라테스는 이 우화를 통해 동굴에서 출발해 산꼭대기로 가는 여정은 "영혼이 지성의 세계로 올라감"을 의미한다고 설명한다.

여기서 플라톤은 세계에 대한 인간의 기본적 이해의 모든 단계가 실재의 참된 본성으로부터 동떨어져 있다고 제안한다. 교육받지 못한 보통 사람은 참된 존재자들의 모습을 반영하는 그림자놀이만을 인식할 수 있으며, 이러한 놀이는 다만 이데아의 반영일 뿐이다.

소크라테스는 동굴 속에 갇힌 죄수들의 가치 체계가 실재에 대해 가없을 만큼 질 낮은 이해에 기반하고 있기 때문에, 과거에는 죄수였지만 계몽된 사람이라면, 이 가치 체계를 얕잡아 볼 것이라고 말한다. 달리 말해, 이렇게 계몽된 사람은 어떠한 세속적인 관심이나 욕구, 악덕에 대해 초연할 것이라고 말한다. 반면 여전히 무지한 상태에 머물러 있는 동굴 속 사람들은 계몽된 사람들을 두려워하며 그를 꺼리게 된다. 분명 플라톤은 여기서 자신의 스승인 소크라테스에게 사형 판결을 내렸던 아테네 대중들의 반응을 염두에 두었을 것이다.

플라톤은 소크라테스의 입을 통해 죄수나 앞 절에서 제시한 실재의 각 단계에 이제 막 접어든 죄수는 그리 큰 쓸모가 없을 수 있다고 지적한다. 막 풀려난 죄수들은 처음 보았을 때는 눈이 부셔서 잠시 시력을 잃게 될 정도로 강력했던 불에 점점 더 익숙해질 수 있도록, 빛을 바라보면서 스스로 노력해야만 한다. 이어서 그는, 자신을 진실로 계몽시켜 줄 햇빛을, 나아가 마침내는 태양을 직접 마주치는 노력을 해야만 한다. 소크라테스는 이렇게 말한다. "지식의 세계에서 선의 이데아는 모든 것의 마지막에 나타나며, 오직 심원한 노력을 통해서만 접근할 수 있다." 이 우화는 이제 철학 교육의 본성을 다루는 데까지 확장된다. 철학 교육은 힘겨운 것이며 자신을 이겨 낼 수 있어야만 제대로 수행될 수 있는 교육이다. 동굴 우화를 가르치기 위해 철학 수업에서 자주 활용되는 영화 〈매트릭스〉에서 모피어스는 네오에게 이렇게 설명한다. "누구도 매트릭스가 무엇인지 알려주지 못한다. 너 스스로 그것이 무엇인지 찾아내야 한다."

## 그림자 대화

그렇다면 죄수들이 그림자에 대해 이야기할 때에는 대체 무엇이라고 할까? 언어의 의미가 어떻게 구성되는지에 대한 오늘날의 철학적 논쟁에서 찾아볼 수 있는 한 가지 흥미로운 입장인 의미론적 외재주의의 입장에 비춰 논의해 보자. 플라톤은 소크라테스를 통해 이렇게 묻는다. "만일 [죄수들이] 서로 이야기할 수 있다면, 이들은 자신들의 언어가 자신들의 눈앞에 실제로 나타나 있는 것을 지시하고 있다고 생각하지 않을까?" 달리 말해, 죄수들이 "말"이나 "사자"라고 말했을 때, 이들은 단지 그림자의 일정한 형상을 지시했던 것뿐이며, "말"이나 "사자"라는 말의 참된 의미가 벽에 나타난 그림자라는 거짓된 믿음을 가지고 있었던 셈이다. 이제 죄수와 자유인이 이야기를 나누고 있다고 해 보자. 양측은 각자가 "말"이라는 말을 통해 동일한 것을 지시했다고 생각할 가능성이 크지만, 이들은 실제로는 서로 다른 대상에 대해 말하고 있었던 것이다. 퍼트넘의 쌍둥이 지구(243쪽)를 살펴보면 이 논쟁에 대해 더 많은 것을 알 수 있다.

# 데카르트의 사악한 악령

(1641)

당신의 마음으로 들어가는 모든 감각 경험을 통제할 수 있는 초자연적인 힘을 지닌 사악한
악령이 있다고 해 보자. 그렇다면, 당신이 알고 있다고 생각하는 모든 것은 거짓일 것이다.
당신은 지금 이런 일이 일어나지 않고 있다고 어떻게 말할 수 있는가? 또한 그렇다면, 대체
어떻게, 당신은 무언가를 확신할 수 있는가?

프랑스의 철학자 르네 데카르트는 인식론epistemology\*에 새로
운 방식으로 접근하려는 야심찬 시도를 한 인물이다. 갈릴
레이나 여러 자연철학자들이 고전기와 중세의 세계관을 침
식해 들어갔다면, 데카르트의 야심은 새로운 과학의 방향으
로 나아가고 있던 자연철학을 종교와 화해시키는 방법을 찾
는 것이었다. 데카르트는 자신의 야망을 실현하기 위해 백
지에서부터 새로운 인식론을 건설하고자 했다. 자신이 이전
에 믿었던 많은 것이 이제는 의심의 대상이 되었음을 깨달
았기 때문이다. 만약 어떤 신념들이 이처럼 잘못되었다면,
일반적인 믿음 그리고 지식은 어떤 상황 앞에 놓여 있을까?
새로운 인식론을 건설하는 작업을 시작하기에 앞서, 데카르

---

\* 지식의 본성, 기원, 한계에 대한 연구

트는 낡은 철학의 체계를 해체함으로써 새로운 시작이 기대할 수 있는 군건한 토대를 만들어야 했다. 그의 저술『제1철학에 관한 성찰Meditationes de prima philosophia』은 바로 이런 목적에서 만든 일련의 사고실험들을 포함하고 있다.

## 꿈속에서*

데카르트의 첫 번째 사고실험은 이렇다. "밤에 잠을 잘 때 꾸게 되는 꿈속에서 낮에 깨어 있을 때와 동일한 경험을 한다면" 대체 어떤 종류의 확실성이 있을 수 있는가? 다시 말해, 정말로 꿈을 꾸고 있는 사람은 누구인가? "나는⋯깨어 있는 상태를 잠들어 있는 상태와 명석하게 구분하는 어떠한 확실한 표시도 찾아내지 못했다." 데카르트는 이렇게 결론내리는 동시에 이렇게도 지적한다. 이런 문제에 대해 골똘히 생각하다 보면, 깨어 있을 때에도 실은 "잠든 상태라는 믿음을 강하게 입증하는 것처럼 보이는 혼동의 경험"을 하게 된다는 것이다. 만일 꿈속에서 본 세계가 실재하는 것으로 보인다면, 실재하는 듯 보이는 것이 가짜가 아니라는 점을 대체 어떻게 알 수 있을까?

---

* 제1성찰 초반에서 논의되는 내용이다. 이현복판(문예출판사, 1997) 36~38쪽을 참조해 인용문을 옮겼다.

하지만 데카르트 역시 심지어 꿈속에서도 몇 가지 유형의 지식, 예를 들어 "산술적, 기하학적, 이와 유사한 다른 유형의 주제에 대한" 지식에 대해서는 의심할 수 없음을 수용한다. "내가 잠들어 있든 깨어 있든, 2와 3을 더하면 5가 나오고, 사각형에는 오직 네 개 변만 있을 뿐이다. 이러한 명백한 진리는 거짓이 될 수도 있다는 의심의 대상이 결코 될 수 없다."

## 팽창된 의심

두 번째 사고실험에서 데카르트는 자신을 속이는 신의 존재를 상정한다. 이 신은 외부의 사물뿐 아니라 감각을 통해 인식하는 모든 정보, 심지어 인간 내면의 심적 과정까지도 통제할 수 있는 전능한 힘을 지녔다. 이러한 존재는 "2와 3을 더할 때, 또는 사각형의 변의 수가 몇 개인지에 대해 생각할 때, 또는 상상할 수만 있다면 이보다 더 단순한 것에 대해 생각할 때…내가 실수를 범하게 만들 것이다."*

데카르트는 신이 자애로우며 사람들을 속이지 않는 존재라 믿었기 때문에 세 번째 사고실험으로 초점을 옮기면서 약간 결이 다른 제안을 내놓는다. 스탠퍼드 철학사전의

---

* 제1성찰 후반에서 논의되는 내용이다. 이현복판 38~39쪽을 참조해 인용문을 옮겼다.

표현을 따르면, 이를 "데카르트의 최대한으로 팽창된 의심 Descartes's most hyperbolic doubt"이라 부를 수 있다. 데카르트는 신의 자리에 사악한 악령genius을 상정한다(천재와 악령, 정신은 모두 'genie'라는 같은 어원을 가진다). 그의 이야기를 들어 보자. "그렇게 강력하지는 않지만 사람을 속이는 능력을 지닌 어떤 악령이 있으며, 그가 나를 속이기 위해 자신의 모든 에너지를 쏟아붓고 있다고 해 보자. 나는…모든 외부 사물이 환상에 불과하며, 이 악령이 나를 속이기 위해 쳐 놓은 함정의 역할을 하는 꿈이라고 생각할 수 있을 것이다."*

## 하나의 고정점

그와 같은 상황에 대해, 데카르트는 이렇게 말한다. "나는 결국, 내가 이전에 의심의 대상이 아니라고 보았던 믿음 가운데 어떠한 것도 그런 자격이 없음을 받아들이지 않을 수 없었다." 하지만 그렇다면, 확실성이란 어디에도 존재하지 않는 것일까? "아르키메데스는…이 지구를 움직이기 위해서는…오직 단 하나의 고정되고 움직이지 않는 점만이 필요하다고 말했다." 지레의 원리를 활용하기 위해 단 하나의 힘점이 필요한 것처럼 "확실하고 의심할 수 없는 단 하나의 사

---

* 제1성찰 끝 부분에서 논의되는 내용이다. 이현복판 40~41쪽을 참조해 인용문을 옮겼다.

실을 발견해 낸다면…나에게는 희망이 있다."

데카르트가 발견한 단 하나의 고정점은, 온 우주를 의심하더라도 의심하는 자아만큼은 남아 있다는 사실이었다. 이를 정리하면 "나는 생각한다. 그러므로 나는 존재한다cogito ergo sum"로 요약된다. 사실 이 문장은 데카르트의 『성찰』에는 등장하지 않는다. 데카르트가 실제로 사용했던 문장은 이런 식이나. "내가 스스로에게 무언가를 납득시켰다면, 이때 나는 확실히 존재하는 것이다.…나는 존재한다는 명제는, 그것을 언제 발언하든, 혹은 마음속에 품든 간에 그때마다 필연적으로 참이다."*

이러한 최초의 확실성으로부터, 데카르트는 정교한 인식론을 구성하기 시작한다. 먼저, 그는 신은 반드시 존재하는 한편, 신은 우리를 속이지 않을 것이라는 점을 입증하려 하며, 따라서 우리는 우리의 감각 경험을 어느 정도는 믿을 수 있다는 결론을 내린다. 데카르트에 대한 반론들은 우리가 알고 있는 것 가운데 확실한 것이 얼마나 적은지를 보여 준 그의 파괴적 작업이 종교적 관념에 바탕을 둔 지식 이론을 재건하려고 했던 그의 시도보다 더 효과적이었다고 평가한다. 또한 사유의 현존을 부정할 수 없다는 그의 논증이 그러한 사유를 하는 "나"라는 실체의 존재를 필연적으로 입증하지 않는다는 지적도 이어졌다.

---

* 제2성찰의 첫머리에 있는 문장이다. 이현복판 43~44쪽을 참조했다.

힐러리 퍼트넘은 1981년 간행된 저술『이성, 진리, 역사』에서 데카르트의 사악한 악마 사고실험을 "통 속의 뇌"라는 현대적인 형식으로 바꾸어 제시한다. 여기서 주인공은 사악한 악령이 아니라 모종의 비열한 계획을 준비하고 있는 사악한 과학자다. 그는 운 없는 희생자들을 슈퍼컴퓨터가 가동시키는 가상현실 시뮬레이션 속에 가둬 놓는다. 희생자들은 영양액이 담긴 통 속에서 떠다니는 적출된 두뇌로 전락당하지만, 자신이 몸속에 있지도 않고, 현실 세계를 경험하는 것도 아니라는 점을 결코 깨닫지 못한다. 퍼트넘은 이렇게 지적한다. "이러한 희생자가 자신이 통 속의 뇌라고 말하는 글을 읽는다면, 그는 이 글의 주장이 흥미롭지만 사실은 말도 안 되는 상상이라고 생각할 수 있을 것이다." 많은 독자들은 이러한 시나리오를 영화 〈매트릭스〉의 기본 착상이라고 볼 듯하다. 물론 키아누 리브스의 적출된 두뇌는 몸 안에 있는 두뇌보다 그 가치가 낮기 때문에, 영화 속 "기계"들이 희생자들의 몸을 버릴 이유는 없었을 것이다.

# 몰리뉴의 맹인을 눈뜨게 만들기

(1688)

태어날 때부터 시력이 없던 사람이 있다. 이 사람이 갑자기 개안한다면, 그는 육면체와 구를 시각만으로 구분할 수 있을까?

이 질문은 아일랜드의 철학자 윌리엄 몰리뉴가 1688년 존 로 크에게 보낸 편지에 처음 등장하는 질문이다. 광학과 시지 각은 당시 자연철학의 핵심 주제였으며, 특히 아내가 결혼 직후 시력을 잃게 된 몰리뉴에게는 더욱 중요한 의미가 있 었다. 당시 몰리뉴는 로크의 저술 『인간지성론』의 초록을 읽 었다. 이 저술에서 로크는 인간 지식의 기원에 대한 자신의 경험론적 입장은 물론 감각지각의 작동 방식에 대해서도 논 의했다. 경험론자들은 인간의 마음은 빈 서판tabula rasa에서 출 발하며, 지식은 세계로부터 얻을 수 있는 경험에서 획득하 는 것이라고 생각했다. 반대 견해인 선천론은, 마음속에는 생득적 또는 이미 기반에 깔린 지식이 있다고 이야기한다.

색맹

로크에 따르면, 관념은 감각에서 비롯된다. 이런 관점은, 관념을 구성할 때 중요하게 사용되는 특별한 감각이 있다는 뜻이기도 하다. 로크는 감각의 조합을 통해 도출된 관념과 단순한 감각에서 도출된 관념을 구분한다. 여기서 단순 관념이란, 다른 감각으로는 대체할 수 없는 하나의 감각에 의존하는 관념을 의미한다. 예를 들어, 맹인은 결코 색깔의 관념을 발달시킬 수 없다(131쪽 색깔 과학자 메리 논의를 보라).

이런 주장이나 다른 여러 논증을 인상 깊게 읽은 몰리뉴는 한 가지 사고실험을 개발해 로크에게 보낸다. 당시에는 직접적인 답신을 받아 보지 못했는데, 몇 년 후 우호적인 교류를 시작하게 되면서 몰리뉴는 이를 한 차례 더 시도한다. 몰리뉴의 질문 또는 문제를 알게 된 시점 이후, 로크는 1694년 『인간지성론』 제2판을 출간하게 된다.

시력을 잃은 채 태어나 성인이 된 사람이 한 명 있다. 그는 똑같은 금속으로 되어 있으며 크기도 비슷한 육면체와 구를 만져서 구분하는 방법을 배웠다. 그에게 각 물체의 느낌이 어떤지, 그리고 어느 편이 육면체이고 어느 편이 구인지 물어보면 구별해서 대답을 할 수 있다. 이제, 육면체와 구를 탁자 위에 놓고, 우리의 맹인이 개안하게 되었다고 해 보자. 그는, 두 물체를 만지기에 앞서 시각을 통해 어떤 것이 구이고 어떤 것이 육면체인지 말할 수 있을까?

몰리뉴와 로크는 그렇지 않을 것이라는 데 동의했다. 로크는 "처음 시각을 가진 맹인은 분명히 무엇이 구이고 무엇이 육면체인지 말할 수 없다. 그는 오직 그것을 보기만 할 뿐"이라 말했고 몰리뉴는 방금 개안한 이 사람은 "내 촉각에 이러저러하게 영향을 끼치는 이 물체는 반드시 내 시각에도 이러저러하게 영향을 끼쳐야 한다는 종류의 경험을, 다시 말해 손으로 만졌을 때 불균등한 자극을 가하는 육면체의 뾰족한 각이 그의 눈에 바로 육면체의 형태로 드러날 것이라는 식으로 연동된 경험을 해 본 적이 없다"고 주장했다.

## 몰리뉴에 대한 응답

하지만 이 문제는 그렇게 쉽게 해결되지 않았으며, 논쟁은 지속적으로 가열되었다. 1951년, 독일의 철학자 에른스트 카시러는 몰리뉴 문제가 18세기 인식론과 심리학의 핵심 문제였다고 서술했다. 스탠퍼드 철학 사전의 서술에 따르면, "지각에 대한 철학적 탐구의 역사 전반에 걸쳐, 이보다 더 많은 사유를 촉발시킨 문제는 존재하지 않는다."

경험론자들은 대개 몰리뉴의 문제에 대해 "그렇지 않다"고 답했으나, 여기에 반대하는 논증도 아주 많다. 라이프니츠는 과거에 맹인이었던 사람에게 시각적 이미지를 보여 주는 맥락이 중요하다고 보았다. 문제의 육면체와 구의 이름을 맹인이 마음대로 붙일 수 있다고 해 보자. 방금 개안한

이 사람은 두 물체를 시각적, 촉각적으로 관찰해 얻은 기하학적 정보를 비교하여 무엇이 공유되어 있는지 판단한 다음 자신의 방식에 따라 올바른 대답을 할 수 있을 것이다. 예를 들어, 육면체에는 여덟 개의 꼭지점이 있으나 구에는 단 하나도 없다는 점을 관찰한다면 이런 답변이 가능하다.

로크와 동시대에 살았던 에드워드 싱은 또 다른 방식으로 로크의 주장에 반론을 내놓는다. 그는 이미지와 감각을 하나의 부류로 놓고, 또 반대편에는 관념과 지각을 또 다른 부류로 놓는다. 비록 육면체를 만지거나 바라보는 것을 통해 얻을 수 있는 감각은 다르지만, 이 물체가 무엇인지 파악하기 위해서는 오직 하나의 개념만이 사용된다. 다시 말해, 육면체의 관념은 시각과 촉각 모두에 대해 공통으로 적용될 수 있다. 따라서, 그것을 촉발시키는 감각적 수단이 무엇이든 육면체를 인지하는 데에는 단지 하나의 개념적 능력만이 사용될 뿐이다.

### 체슬든이 수술했던 소년

몰리뉴와 로크는 이 사고실험이 단순히 사고실험으로만 남을 것이라고 생각했다. 이는 당시에는 유아 때 시력을 상실한 사람들 가운데 개안한 사람이 극소수에 지나지 않았기 때문이었다. 하지만 1728년에, 외과 의사였던 윌리엄 체슬든은 백내장 때문에 선천적으로 시력이 없었던 14세 소년의 수

정체를 교체하여 시력을 되찾아 주었다고 보고했다. 이 소년에게 몰리뉴 검사를 시행했고, 소년은 구와 육면체를 정말로 구분하지 못했다. 하지만 이 결과가 논쟁을 가라앉힌 것은 아니었다. 라이프니츠는 이미 그와 같은 사례를 예상하고 있었으며 아주 중요한 반론도 준비해 둔 상태였다. 반론의 초점은 이전에 시력을 잃은 상태였던 사람이 겪게 될 "눈부심"과 회복한 시력이 "생경하게 느껴져 겪을 수 있는 혼동" 때문에 그가 즉각적으로 몰리뉴 검사를 통과할 수 있을 것이라고 보기는 어렵다는 데 맞춰져 있었다.

좀 더 최근에는 태어날 때부터 시력을 잃은 상태였던 인도인 아이에게 개안 수술을 한 후 실험이 수행되었다. 이 실험에 따르면, 몰리뉴 문제에 대해서는 로크가 옳았다. 2011년 이 실험 결과를 담은 논문을 발표한 매사추세츠 공과대학의 리처드 헬드 및 그 동료들의 보고 내용은 다음과 같다. 실험은 개안 수술 이후 48시간 내에 수행되었으며, 8~17세 사이의 아이들 5명에게 이루어졌다. 연구자들은 우선 이들이 하나의 장난감 블록을 눈으로 살펴보지 않은 채 만져 보게 했다. 이어서, 이들에게 유사하지만 잘 살펴보면 구분할 수 있는 블록 두 개를 제시하고—이들 가운데 하나는 방금 아이들이 만졌던 블록이었다—어떤 블록이 앞서 만졌던 블록인지를 외양만으로 구분하라고 지시했다. 이들은 절반 정도 구분에 성공했다. 이 결과는 우연히 맞출 확률과 마찬가지였다. 다시 말해, 이 결과는 감각 사이에 어떠한 생득적인 연결 고리도 없다는 뜻이었다. 이는 형태에 대한 촉각적 지식을 시각적 지식으로 변환시키는 배선이 우리 두뇌 속에 마련되어 있지 않다는 뜻이다. 후속 실험은 이 아이들이 아주 빠르게(단지 며칠 내로) 두 감각 사이를 연결시키는 능력을 확보했다는 사실도 보여 주었다.

### 학습을 통한 연결 방법의 이점

헬드는 이러한 연결 능력이 생득적이거나 미리 마련된 배선을 바탕으로 한 것이 아니라 이처럼 교차 연결을 통해 확보되도록 만들어져 있는 데에 진화적 이유가 있을 것이라고 본다. "아이가 자라나면서, 이들의 감각 장치는 물리적 변화를 겪는다. 이 때문에 외부 세계에 대한 내적 표상에도 변화가 생길 수밖에 없다. 이러한 변이에 대응할 때, 여러 감각 사이를 학습을 통해 연결하는 방법은 미리 마련된 배선을 바탕으로 하는 방법보다 중요한 이득을 제공한다."

독일 튀빙겐에 위치한 막스 플랑크 생체인공두뇌학연구소의 로스 반 담은 이와는 조금 다른 해석을 제시한다. 몰리뉴 검사에서는 급격한 속도의 수행 능력 향상도 확인할 수 있었다. 이 사실은 "이미 이 아이들의 머릿속에 연결 배선이 가동되기에 앞서 [물론 이를 사용한 적은 결코 없겠지만] 마련되어 있음을 시사한다"는 것이 그의 입장이다. 결국 이러한 새로운 실험 데이터 역시 체슬든의 실험과 동일한 문제에 빠지게 되는 셈이다.

# 깜짝 시험 역설

(1943~1944)

한 선생님이 다음 주에 깜짝 시험을 보겠다고 학생들에게 공지했다. 학생들은 논리적으로
그와 같은 일은 일어날 수 없다고 입증했다. 따라서 선생님이 수요일에 시험을 보게 한 것은
놀라운 일이었다.

깜짝 시험, 또는 시험관 역설은 교수형 역설, 또는 예상되지
않은 교수형 역설, 예측의 역설, 병 속의 꼬마 악마 역설로
도 알려져 있다. 이는 역행 귀납 논증, 다시 말해 문제 또는
상황의 종료 시점으로부터 그 시작 시점으로 거슬러 올라가
는 추론 과정의 한 사례다. 어떤 선생님이 다음 주(월요일부터
금요일 사이에)에 시험이 있을 것이며, 이 시험은 깜짝 시험이
될 것이라고 말했다고 해 보자. 여기서 출발하는 역설적 추
론은 다음과 같이 전개된다.

### 예상되지 않는 것을 예상하기

만일 목요일 밤이 그냥 지나갔으며 아직 시험을 보지 않은
상황이라고 해 보자. 시험이 금요일에 있을 것이라는 게 분

명하다. 하지만 이러한 상황에서는 누구나 시험이 금요일에 있을 것이라고 예상할 수 있으며, 선생님이 내놓은 두 번째 전제는 시험이 갑자기 치러진다는 것이었으므로 금요일에는 시험이 없을 것이다. 이에 따라 학생들은 금요일을 시험일에서 배제할 수 있다. 그런데 이런 추론은 수요일 저녁까지 시험이 이뤄지지 않은 채 지나갔다면 목요일만이 시험을 치를 수 있는 유일한 날이라는 함축을 가진다. 결국 앞서 사용했던 것과 동일한 추론에 따라, 목요일에 시험을 치른다는 것 역시 놀라운 일이 아니며 목요일 역시 시험에서 배제하는 것이 좋다. 이러한 추론은 각각의 날마다 반복될 수 있으며, 추론이 진행됨에 따라 모든 날은 갑작스럽게 시험을 치를 수 있는 날이 아니라는 점이 밝혀지게 된다. 결국 학생들은, 선생이 내놓은 조건, 즉 예상되지 않은 시험을 갑작스럽게 볼 수 있는 날이라는 조건은 일주일 가운데 어느 날도 만족시키지 못한다는 결론을 내리게 된다. 이제, 선생님이 실제로는 수요일에 시험을 보게 했을 때 학생들이 어떤 당혹감을 느꼈을지 상상해 보자.

●●●                                                    병 속의 꼬마 악마

이러한 유형의 역설은 스웨덴의 수학자 렌나르트 에크봄에게까지 거슬러 올라간다. 1943~1944년, 에크봄은 다음 주에 기습적인 시민 봉기가 있을 것이라는 라디오 방송을 학생들과 함께 들었다. 이 역설의 조

금 다른 버전으로, 1893년 로버트 루이스 스티븐슨이라는 사람이 발표한 짧은 동화 『병 속의 꼬마 악마』에 등장한 병 속의 꼬마 악마 역설이 있다. 병 속에 살고 있던 꼬마 악마가 이 동화의 주인공이다. 이 악마는 병을 구매한 어떤 사람에게든 어마어마한 부를 선사할 수 있지만 "이 병을 팔기 전에 그 사람이 죽게 되면 그는 지옥 불에서 영원히 불타오르게 된다." 또한 병에 대한 대가는 반드시 동전으로 지불되어야 하며, "손해를 보고 파는 것이 아닌 이상 이 병을 팔 수는 없다." 이 조건들은 일종의 역설로 이어지는데, 이는 한편으로는 이 악마의 능력으로부터 어느 누구도 이득을 얻을 수 없다는 점 때문이며, 또 다른 면에서는 이 병을 구매할 수 있는 사람들이 모두 합리적인 사람이라면 누구도 결코 이 병을 구매하지 않을 것이기 때문이다. 더미의 역설(232쪽)과 마찬가지 방식으로, 이러한 추론은 누구도 이 병에 값을 치르지 않을 것이라는 결론에 도달한다.

## 약간 시시한

영국의 철학자 다니엘 오코너는 1948년 학술지 《마인드Mind》를 통해 깜짝 시험 역설을 처음 출판물의 형태로 내놓았다. 그는 이 문제가 "약간 시시한" 문제라고 보았다. 이는 선생님이 처음 내놓았던 공지가 자기 자신을 논박하는 예언이었기 때문이다. 만일 선생님이 깜짝 시험을 보겠다고 공지하지 않았다면, 그는 정말로 깜짝 시험을 볼 수 있었을 것이다. 오코너는 선생님의 공지를 "나는 지금 말하고 있지 않다"라는 문장과 비교하면서, 이러한 문장에 비록 모순이 없다 하더라도 "그것이 참인 어떠한 상황도 생각할 수 없다"고 말했다. 영국의 철학자 조너선 코헨은 이처럼 발화함으로서 그 자체가 거짓이 되는 진술을 화용론적 역설*이라고 불렀다. 또한 이 역설은 거짓이라는 점(거짓 추론에 기반하고 있으므로) 때문에 쉽게 해소된다. 예를 들어, 수요일 저녁은 시험을 볼 시간이 여전히 이틀 남은 시점이며, 또한 학생들은 남은 두 개의 날 가운데 어느 날 시험을 보는지 알지 못하기 때문에, 목요일에 시험을 볼 것인지 여부 역시 예상할 수는 없다는 것이다.

이렇게 역설을 해소할 수 있음에도, "약간 시시한" 문제는 여전히 논란의 중심에 있다. 1988년 발행된 『맹점 Blindspots』이라는 책에서 미국의 철학자 로이 소렌센은 이 역설이 철학에 "중요한 문제"를 제기하는 역설이라고 이야기한 바 있다. 하지만 1998년 미국의 수학자 티모시 초우는 "이 역설에 관한 거의 수백 편에 달하는 논문이 출간되었다. 하지만 여전히 이 역설에 대한 올바른 해결책은 찾아낼 수 없었다"고 지적한다.

---

* 화용론이란, 대화가 위치한 문맥이 어떤 발화나 그 해석에 미치는 영향을 연구하는 언어학의 한 분야다. 예를 들어, 외교관들의 발언은 발언의 논리적 의미와는 상당히 다른 뜻을 가질 수 있는데, 이는 외교에서 쓰는 언어가 한순간의 실수로 인해 국가 단위의 손실을 가져올 수 있는 맥락 속에 있기 때문이다. 시험을 예고한 선생의 행동 역시 발언의 논리적 특징보다는 발언의 화용론적 맥락 속에서 이해할 수 있다. '화용론적 역설'이라는 이름은 이를 반영한 것이다.

# 뉴컴의 역설

(1960)

두 개의 타당한 추론 노선이 있는데, 양측은 모순적인 결론을 향해 바로 나아간다. 양측 가운데 어떤 것을 선택하는 것이 옳은가?

1960년, 죄수의 딜레마(159쪽)를 연구 중이던 캘리포니아 출신 물리학자 윌리엄 뉴컴은 대단히 혼란스러운 변종 역설을 하나 고안하게 된다. 이 문제는 미국 철학자 로버트 노직의 1969년 논문 "뉴컴의 문제와 선택의 두 가지 원리"를 통해 널리 알려졌으며, 이 논문은 학술지 《철학Journal of Philosophy》에서 "뉴컴 마니아"라고 부르게 될 열풍을 일으키게 된다.

## 예측자

당신 앞에 두 개의 상자가 있다고 해 보자. 하나는 투명하고, 다른 하나는 불투명하다. 투명한 상자에는 1,000달러가 들어 있다. 그런데 불투명한 상자에는 100만 달러가 들어있거나 아무 것도 없다. 당신은 이들 상자를 집에 들고 와도 되며,

두 상자를 한꺼번에 열거나 불투명한 상자만을 열어야 한다고 허락 받았다. 불투명 상자에 100만 달러가 들어 있는지여부는 하루 전에 아주 놀랍고 강력한 계산 능력을 가진 컴퓨터인 "예측자"에 의해 결정된다. 이 컴퓨터는 당신의 행동을 예측하기 위해, 특히 당신이 어떤 상자를 선택할 것인지예측하기 위해 방대한 심리적 변수들을 사용하여 분석할 능력을 가지고 있다. 만일 예측자가 당신이 불투명 상자만을선택할 것이라고 예측할 경우, 이 컴퓨터는 상자에 100만 달러를 집어넣을 것이다. 하지만 만일 당신이 두 상자를 모두선택한다는 예측 결과가 나올 경우, 예측자는 불투명 상자에 아무 것도 집어넣지 않을 것이다. 이 게임을 여러 차례 반복해 보았을 때, 예측자는 모든 경우에 옳은 답을 내렸다. 또한 당신이 상자를 선택할 때, 상자는 이미 준비된 상태이며그 내용물 또한 바뀔 수 없다. 당신은 두 상자 모두를 선택해야 할까, 아니면 불투명 상자만을 선택해야 할까?

## 최대 효용 대 지배의 원리

직관적으로 보면, 이 질문을 받은 사람들 가운데 대부분은자신이 불투명 상자만을 선택할 것이라고 답한다. 또한 이런 답변 패턴은 상황을 게임 이론에서 말하는 효용 최대화전략으로 분석하면 아주 분명하게 이해할 수 있다(물론 여기서 효용은 당신이 원하는 결과를 말한다). 만일 당신이 두 상자를 모두 선택하는 한편 예측자가 정확하게 예측할 경우, 당신이 최종적으로 얻게 되는 돈은 1,000달러뿐이다. 하지만 예측자의 예측이 잘못된다면, 당신이 얻게 될 돈은 100만 1,000달러다. 만일 당신이 불투명한 상자를 선택한다면, 당신은 100만 달러를 얻거나 아무 것도 얻지 못할 것이다.

예측자가 오류를 범할 수 있으며, 100회 예측에 99회 정도 옳은 결과를 내놓는 성능을 보유하고 있다고 해 보자. 이 경우 우리는 각각의 선택에 따라 예상되는 효용의 크기를 계산하여 어떤 상자를 택하는 것이 좋은지 판단해 볼 수 있다. 두 상자를 모두 선택했을 때 기대되는 효용은 $.99 \times 1,000 + .01 \times 1,001,000 = 11,000$달러다. 반면 불투명 상자만 선택했을 때 기대 효용은 $.99 \times 100,000 + .01 \times 0 = 990,000$달러다. 최대 기대 효용에 기반한 논증은 따라서 불투명 상자를 선택하는 것이 적절하다는 점을 분명하게 밝혀 준다.

하지만 다른 유형의 추론 방법을 택하는 것 또한 타당할 수 있다. 당신이 상자를 선택할 때는 이미 상자의 내용물이 결정된 상태다. 당신의 선택은 결정에 영향을 미치지 않는다. 시간을 거슬러 올라가는 방향의 역방향 인과가 성립하지 않는 이상 그렇다. 또한 선택자는 초자연적인 힘을 가지고 있지는 않다. 만일 불투명 상자가 텅 비었다면, 이 상자는 이미 당신이 결정하기에 앞서 비어 있는 것이고, 당신은 아무 것도 들어 있지 않은 결말을 맞이하게 될 것이다. 하지만 당신이 두 상자를 모두 집에 들고 간다면, 당신은 적어도 1,000달러를 손에 넣을 수 있을 것이다. 불투명 상자가 돈으

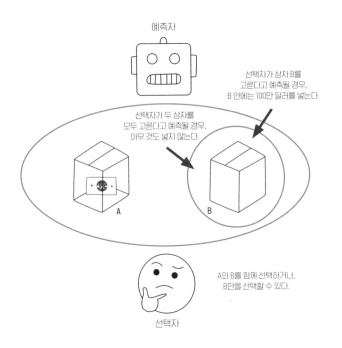

예측자

선택자가 상자 B를
고른다고 예측될 경우,
B 안에는 100만 달러를 넣는다.

선택자가 두 상자를
모두 고른다고 예측될 경우,
아무 것도 넣지 않는다.

A

B

A와 B를 함께 선택하거나,
B만을 선택할 수 있다.

선택자

당신은 어떤 상자를 선택할 것인가?

로 가득 차 있다면 당신은 100만 1,000달러를 손에 넣을 수
있다. 때문에, 두 상자를 모두 다 들고 가는 것이 좀 더 나은
결과를 불러올 수 있는 셈이다. 게임 이론가들은 이를 지배
전략이라고 부르며, 이러한 전략을 선호하는 지배의 원리에
따라 두 상자를 모두 선택하는 것을 택한다.

이 때문에 서로 모순적인 결론으로 이어지는 두 가지 타당한 논증이 성립하게 된다. 노직은 이 문제를 아주 많은 친구들과 학생들에게 제시해 보았다고 적었다. "내가 이 문제를 던졌던 모든 사람들은 무엇을 해야 하는지 완전히 분명하게, 그리고 명확하게 알고 있었다. 어려웠던 점은, 이들이 거의 같은 수의 두 무리로 나뉘었으며 또한 많은 사람들이 자신과 다른 결론을 내린 사람들을 단순히 바보라고 생각했다는 점이었다."

이 역설을 논박하고자 하는 한 가지 논증은 그리 정합적이지 않다. 자유의지가 있다는 말은 예측자 같은 계산 장치가 존재할 수 없다는 뜻이다. 어떤 사람이 동등하게 합리적인 두 가지 행동 사이에서 어떻게 선택을 할 것인지 예측하는 것은 불가능하기 때문이다. 특히 자유의지의 존재를 인정할 경우, 어떤 선택을 하기에 앞서 그 선택이 예측될 수 있다는 사실이 알려지는 상황은 일어날 수 없다. 하지만 이러한 논증에 대응해 자유의지의 가능성을 인정하는 논증도 있을 수 있다. 미래는 결정되어 있는 것은 아니지만, 충분히 알수는 있다. 당신의 자유로운 선택은 예측할 수 있다. 특히 예측자가 당신이 합리적인 행위자라는 사실을 알고 있으며, 당신의 선택이 이러한 합리적인 기반 위에서 이뤄질 것이라는 점을 알고 있을 경우 그렇다.

## 무인도 딜레마

미국의 인지과학자 개리 드레셔의 제안을 바탕으로 한 뉴컴의 역설의 변형 버전이 있다. 당신은 무인도에 난파되어 굶어 죽을 위기에 몰렸다. 이때 보트를 타고 당신의 근처를 지나던 사람이 남은 생애 동안 벌게 될 당신의 소득의 90퍼센트를 자신에게 주겠다고 약속하면 당신을 구조해 본국으로 귀환시켜 주겠다고 했다. 당신은 그가 타인의 거짓말을 쉽게 간파할 만큼 똑똑하다는 것을 알았다. 따라서 당신이 건성으로 약속한다면 그가 당신을 죽도록 내버려둔 채 섬을 떠날 것이다. 물론 눈앞에 닥친 죽음을 피하기 위해 당신은 그가 원하는 대로 약속할 것이다. 또한 본국으로 돌아와 당신이 취할 합리적인 행동은 약속을 번복하는 일이라는 점 역시 분명하다. 이는 당신이 결국 자신의 약속을 진지하게 생각하지 않게 되리라는 뜻이다. 결국 당신은 지금은 합리적이지만 나중에는 불합리해지는 약속을 피할 수 없다. 그리고 지금 당신의 목숨은 경각에 달려 있기 때문에 건성으로 약속하는 것은 지금으로서는 불합리한 일일 것이다(146쪽 뷔리당의 당나귀 참조). 그런데 실제로 인간은 죄책감, 수치심, 고마움 등의 기제로 미래에는 불합리하게 작용할 행동을 하는 경우가 아주 많다. 이러한 인간의 감정적 반응이 약속을 지키는 게 불합리해 보이더라도 지키게 만든다는 점을 우리가 잘 알기 때문에, 지금은 합리적이지만 미래에는 불합리해지는 결정을 내릴 수 있다.

동일성, 변화, 진정성은 고대인들을 당황시켰고 현대인들을 매료시킨 뒤얽힌 쟁점이다. 동일성은 어떻게 항구적인 변화 앞에서도 지속적으로 유지될 수 있는가? 자아의 경계는 어떻게 결정되는가? 무엇이 정말로 우리에게서 유래한 것인지는 어떻게 알 수 있으며, 우리를 실제로 이끄는 것 가운데 무엇이 중요한 것인가? 이러한 주제를 탐사할 때 사고실험과 역설은 고대철학이라는 서구 전통의 뿌리 속에서는 물론 미래적인 내용을 담은 과학 소설에서도 매우 중요한 역할을 한다.

# Part V

# 무엇이 우리를 우리로 존재하게 하는가

# 더미의 역설

(BC 4C)

1만 개의 낱알이 쌓여 있는 곡물 더미에서 한 알의 밀알을 뺀다고 해 보자. 이 더미는 여전히 더미다. 밀알을 하나 더 뺀다고 해도 이는 변하지 않는다. 이 논리에 따르면 당신은 단 하나의 밀알이 남을 때까지 알곡을 빼낼 수 있으며, 그때까지는 여전히 곡물 더미를 보유하고 있는 셈이다.

더미의 역설이라는 이름은 그리스어로 더미를 의미하는 소로스soros에서 왔다. 이 역설은 쉽게 받아들일 수 있는 전제에서 시작하며, 이어지는 추론 역시 논쟁의 여지가 없는 것처럼 보이지만 그 결과 도달하는 지점은 명백하게 거짓인 결론이다. 더미의 역설은 철학자들이 점진성 논증little-by-little argument이라고 말하는 일군의 문제 중 하나다. 이런 유형의 문제는 모호*하고 경계도 불분명한 용어로부터 유래하는 역설이다. 이 사례에서는 "더미"가 모호한 개념이다. 얼마나

---

* 한국 철학계에서 'vague'는 '모호한'으로, 'ambiguous'는 '애매한'으로 옮긴다. 전자의 사례로 대머리가 흔하게 사용된다. 머리카락이 어디까지 빠져야 대머리라고 할 수 있는지의 경계는 모호하기 때문이다. 후자는 어휘나 통사론 차원에서 확인할 수 있는 중의성이다. 예를 들어 "명박과 근혜는 구속되었다"는 문장은 문장의 통사적 구조 때문에 명박과 근혜가 같은 사건으로 구속되었다는 뜻으로도, 별도의 사건으로 구속되었다는 뜻으로도 읽힐 수 있다.

많은 수의 입자가 있어야 더미를 이루는 데 충분한가? 더미와 더미가 아닌 것 사이의 구분선은 어디에 그을 수 있는가?

## 대머리 역설

더미의 역설은 기원전 4세기에 생존한 그리스의 철학자 밀레토스의 에우불리데스의 작업에서 처음 확인할 수 있다. 이 역설의 다른 버전으로, 대머리 역설을 들 수 있다. 대머리가 된 사람의 머리에 머리카락을 한 올 심어 놓는다고 해서 이 사람이 대머리가 아니게 되는 일은 벌어지지 않는다. 한 가닥을 더 심어도, 또 한 가닥을 더 심어도 마찬가지다. 이로부터 1만 가닥의 머리카락을 머리에 심어도 이 사람은 여전히 대머리라는 역설적인 결론이 발생하게 된다. 더미의 역설은 반대 방향으로도 작동할 수 있다. 마찬가지 논리로 머리카락이 단 한 올만 남아 있는 사람 역시 대머리가 아니라는 결론이 나올 수도 있고, 1만 개의 낱알 역시 더미가 아니라는 결론이 나올 수도 있다. 이러한 유형의 점진성 논증은 현실 세계에도 함축을 가지고 있다. 예를 들어, 법에서 경계가 불분명한 범주에 명확한 경계를 규정할 수 없다면 혼동과 소송이 난무할 것이다.

## 낙태의 한계

낙태 논쟁에서 이런 방식의 접근을 사용하면 논쟁에 유리한 위치를 차지할 수 있을 것 같다. 많은 사람들이 만삭이 다 되어 임신을 중절하는 것이 잘못이라는 데 동의하며, 따라서 만삭이 되기 하루 전날에 중절을 실시하는 것이 잘못이라고 보는 것도 역설적이지 않다. 그러나 더미의 논리는 여기서 멈추지 않는다. 이 논리에 의하면 임신 중절을 해도 괜찮은 시기는 전혀 존재하지 않게 되기 때문이다. 이는 실제로 수태 시기로부터 계산했을 때 낙태가 언제 합법적이게 되는지 그 한계를 결정하려 할 때 마주하게 되는 심각한 문제다. 예를 들어, 임신 후 140일 된 태아와 141일 된 태아 사이에 법적인 차이가 있어야 한다고 주장하는 것은 논리적으로 매우 부적절해 보인다. 하지만 그럼에도 실제 법률은 수태 이후 20주가 지나면 낙태를 금지하고 있고, 바로 여기에 방금 언급한 법적 차이가 기반하고 있다.

더미 역설을 해결하는 방법이 몇 가지 있다. 첫째로 문제의 술어가 모호하다는 점을 부정하는 방법, 다시 말해 우리가 정말로 그에 대해 알든 모르든 실제로 쟁점 술어가 날카로운 경계선을 가지고 있다고 주장하는 방법이다. 둘째로 대상이 실재하는 "존재"임을 부인하는 방법이다. 다시 말해, 더미 같은 것은 존재하지 않으며, 오직 "더미성"의 수준만이 존재한다는 것이다. 더미 역설은 병 속의 꼬마 악마 역설(222쪽)로도 잘 알려져 있는 예기치 못한 심사위원 또는 교수형 집행자의 역설과 밀접하게 연관되어 있다.

---

에우불리데스가 만든 것 중 알려진 가장 유명한 역설은 거짓말쟁이 역설이다. "자신이 지금 거짓말을 하고 있다고 말하고 있는 사람이 있다. 이 사람은 진실을 말하고 있는 것일까?" 이 질문은 이렇게 줄일 수도 있다. "이 진술은 거짓이다." 이 진술이 참이면 이 진술은 거짓이고, 이 진술이 거짓이면 이는 참이다. 이보다 좀 더 오래된 버전은 기원전 6세기의 그리스 철학자 에피메니데스의 것으로 알려져 있다. "모든 크레타인은 거짓말쟁이다.…크레타의 시인 가운데 한 명은 이렇게 말했다." 아주 명확한 형태로 기록된 이 역설은 성서에서도 확인할 수 있다(디도서 1장 12절). 사실 에피메니데스의 버전은 역설이라고 볼 수는 없다. 이는 이 크레타 시인이 거짓말 이외에는 어떤 말도 하지 않는 사람은 아닐 수 있기 때문이다(이는 이 시인이 이따금 참인 말을 했을 것이기 때문이다. 이런 사실이 그를 습관적인 거짓말쟁이가 아니게 만드는 것은 아니다). 이 역설의 가장 최근 버전은 조던의 카드 역설이다. 이 역설은 영국의 수학자 필립 주르댕에 의해 고안된 것으로, 카드의 한쪽 면에는 "이 카드의 반대편에 적힌 문장은 참이다"라는 글이, 다른쪽 면에는 "이 카드의 반대편에 적힌 문장은 거짓이다"라는 글이 적힌 카드를 사용하는 것이었다.

# 테세우스의 배

(BC 1C)

배 한 척이 있다. 이 배는 각 부품이 낡을 때마다 수리를 해서 부품을 계속 교체했다. 세월이 흘러 배에 처음 있던 모든 부품이 대체되었다. 그렇다면 이 배는 여전히 동일한 배일까?

동일성은 철학의 유서 깊은 관심사다. 고대 그리스인들은 동일성이 어떻게 시간을 거슬러 지속할 수 있는지 궁금해했다. 시간의 진행은 피할 수 없는 변화를 불러오기 때문이다. 복합 물체(하나 이상의 재료나 부품으로 만들어진)는 그 구성 요소가 변화할 때 어떻게 동일성을 유지할까? 플라톤에 따르면 "헤라클레이토스는 모든 것이 변화하며 어떠한 것도 정지해 있지 않다고 주장했다. 또한 여러 대상들을 강의 흐름과 비교하면서, 당신은 결코 같은 강물에 발을 두 번 담글 수 없다고 말하기도 했다." 이런 입장은 역설을 낳는다. "동일한" 강은 동일하지 않은데, 이는 그 구성 요소(강물)가 변화하기 때문이다.

## 플루타르코스의 설명

헤라클레이토스의 주장을 좀 더 직접적인 말로 옮겨 보자. "같은 강에 들어간 사람은, 언제나 다른 물의 흐름에 들어가는 것이다." 이런 논의는 헤라클레이토스가 만물 유전설을 주장했다는 정리로 향한다. 모든 것은 언제나 변화하며 동일성의 연속은 모든 구성 요소들의 연속성에 의존하지 않는다. 하지만 이러한 입장은 역설적인 귀결을 불러오게 된다. 테세우스의 배 역설로 가장 잘 알려진 이 귀결은 기원후 1세기에 플루타르코스가 서술했던 『테세우스의 생애』*에 첫 번째로 기록되어 있다.

테세우스와 아테네의 젊은이들을 싣고 귀환했던 이 배는⋯데메트리오스 팔레레오스의 시기[기원전 300년경]까지 아테네인들에 의해 보존되어 있었다. 아테네인들은 오래되어 삭은 널빤지를 새롭고 튼튼한 목재를 사용하여 갈아 끼웠다. 철학자들 사이에서는 이 배가 일종의 살아 있는 사례로 간주되었다. 이 배로부터 한 가지 논리적 질문이 나타났기 때문이다. 한 무리의 철학자들은 이 배가 여전히 동일하게 남아 있다고 주장했고, 다른 철학자들은 동일하지 않다고 주장했다.

* 『플루타르코스 영웅전』의 일부.

이 배에 사용된 모든 재목이 바뀌었더라도, 심지어 본래의 구성 요소 가운데 어떠한 것도 그대로 남아 있지 않더라도 이 배는 같은 배인가? 교체하는 데 사용한 재목이 본래 재목과 조금 다르다면— 예를 들어 재목이 모두 분홍빛이라고 해 보자—결과가 달랐을까? 만일 그렇다면, 얼마나 달라야 배를 동일하지 않게(또는 동일하게) 만드는 데 충분한가? 본래 있던 목재들보다 조금 어두운 색깔의 목재로, 또는 조금 밝은 색깔의 목재로 바꾸면 동일성에 변화를 줄 수 있는가? 만일 이 배가 동일한 배로 남아 있지 않다면, 언제부터 이 배가 테세우스의 배가 아니게 되는가? 재목을 처음으로 교체한 순간인가?

### 홉스의 두 번째 배

고대에 제기된 이러한 문제는 17세기 영국의 철학자 토머스 홉스에 의해 매우 흥미롭게 변형된다. 기존 배에서 빼낸 목재를 모아서, 이를 사용해 새로운 배를 건조한 사람이 있다고 해 보자. 이렇게 되면 언젠가 배는 두 척이 될 것이다. 두 배는 모두 테세우스의 배일까? 어느 배를 진짜 배로 간주해야 할까? 이 문제를 또 다른 방식으로 변형할 수도 있다. 테세우스가 자신의 배에 선박을 완전히 다시 건조할 수 있는 재목을 싣고 멀리 떨어진 항구로 항해하고 있다고 해 보자. 테세우스는 항해하는 도중에 배를 지속적으로 수리했고, 본래 배에 사용되었던 재목은 처분해 버렸다. 수리는 계속되었고, 목적지에 도달했을 때는 선박을 이루던 모든 재목이 교체된 상태였다. 테세우스가 목적지에 도착할 때 타고 있던 배는 출발할 때 탔던 배와 같은 배일까? 동일하지 않다면, 어떻게, 어느 지점에서 그는 배를 "바꾼" 걸까?

이런 사례도 생각해 보자. 테세우스의 뒤에 그의 적수인 미노스 왕이 따라붙었다. 미노스 왕은 그의 배를 뒤따라가며 테세우스가 버린 재목을 모아들였고, 이를 사용해 동일한 선박을 건조했다. 목적지에 도착할 때가 되자, 미노스 왕의 배 역시 테세우스의 배를 뒤따라 부두로 들어오게 되었다. 이 두 배 가운데 어느 배가 "원래" 배일까? 둘 가운데 어느 배가 처음 출항했던 배와 동일한 배일까?

## 시공간을 관통하여

이러한 역설을 해결하기 위한 한 가지 시도는 물리적 동일성에 네 번째 차원, 즉 시간을 추가하는 방법이다. 이를 받아들여 보면, 만일 어떤 물체가 시공간(물리적인 3차원에 시간이라는 네 번째 차원을 더한 조합의 결과)을 관통하는 연속적인 경로를 따라가는 경우 동일성은 지속된다고 말할 수 있다. 이 경로의 각 단면들은 특정한 시점을 통과 중인 어떤 물체를 보여 준다. 이 물체는 하나의 단면에서 다른 단면으로 이행하는 변화의 과정을 보여 줄 수도 있으나, 만일 시공간적 연속성(시간과 공간 양면을 동한 연속성. 다시 말해, 시공간을 관통하는 연속적 경로를 따라가는 모습)을 가지고 있다면 물체의 동일성은 유지되고 있는 것이다. 하지만 이러한 접근에도 의문스러운 면은 있다. 테세우스가 자신의 배를 완전히 해체하여 일종의 조립물로 만든 다음, 이를 뗏목 삼아 아테네에서 뉴욕으로 항해한 다음 다시 조립했다고 해 보자. 이때 뉴욕에서 다시 조립한 배는 아테네에 있던 배와 시공간적 연속성이 없는 것 같다. 그런데 두 척의 배가 같은 배일까? 만약 이 사례에서 배를 접이식 자전거로 바꾼다면, 당연히 대부분의 사람들이 두 도시의 자전거가 동일한 자전거라는 데 동의할 것이다. 이 사례는 구성 요소의 연속성이 동일성을 결정하는 것처럼 보이는 사례다.

### 4차원 기준의 난점

이런 사례도 생각해 볼 수 있다. 한 무리의 강도 집단이 값을 따질 수 없는 역사적인 유물로 오랫동안 보존되어 왔던 테세우스의 배를 훔칠 계획을 세웠다. 이들은 야음을 틈타 이 배가 보관된 박물관에 침투해 고대의 널빤지를 새 재목으로 교체하기로 했다. 몇 달이 지나, 이들은 모든 재목을 교체하는 데 성공했고, 훔친 널빤지를 사용하여 자신들의 은신처에서 본래의 배를 다시 건조하는 데 성공했다. 이 때 도덕 따위는 신경 쓰지 않는 고대 물품 수집가가 있다고 해 보자. 이 사람은 두 배 가운데 어느 쪽에 더 많은 돈을 지불하려고 할까? 다시 말해, 완전히 새로운 목재로 다시 건조된 박물관의 선박에 더 많은 돈을 지불하려 할까? 은신처에 있는 선박에 그렇게 할까? 이 사례에서, 구성 요소의 연속성은 분명히 시공간적 연속성보다 중요한 것으로 보이며, 따라서 시공간적 연속성은 문제의 역설을 해소하는 데 도움이 되지 않는다.

테세우스의 배 문제와 유사한 사례는 현실 세계에서 얼마든지 찾아볼 수 있다. 인체와 관련된 사례를 들어 보겠다. 당신의 신체를 구성하는 거의 모든 세포는 몇 주 내로 새롭게 대체되며, 대체되지 않는 세포라고 할지라도 그것을 구성하는 단백질과 다른 여러 고분자들은 대체되거나 재활용된다. 따라서 당신의 구성 요소를 볼 경우 당신은 몇 주 전의 당신과 결코 동일한 사람이라고 할 수 없을 것이다. 그렇다면 당신의 동일성의 연속성은 어디에 위치하는가? 동일한 쟁점을 파핏의 순간 이동 장치 사고실험에서 확인할 수 있을 것이다(255쪽 참조).

동일성 문제는 여러 가지 방식으로 반복되고는 한다. 몇 가지 대중적인 예를 들 수 있다. 미국인들이 말하는 "할아버지의 도끼"는 도끼날과 도끼 자루가 모두 교체된 상황을 두고 제기되는 문제다. 또한 자노의 칼 (Jeannot's knife)은 칼날과 칼 자루가 모두 바뀐 상황을 다루는 문제다. 대중적인 문제 가운데 주목할 만한 것으로, 찰흙과 소조상의 문제가 있다. 한 무더기의 찰흙은 약간 뭉개지더라도 그 동일성을 여전히 유지할 것이다. 하지만 조각가가 이 찰흙을 소조상으로 만들게 되면 어떨까? 구성 요소가 모두 동일하기 때문에 소조상이 흙덩어리와 동일한 것일까? 만일 이렇게 만들어진 소조상이 뭉개지면, 이 뭉개진 소조상은 여전히 동일한 것일까? 이 소조상은 예전과 같은 흙덩어리로 돌아가는 것일까? 이 물체에 있는 동일성 가운데 하나의 동일성—흙덩어리—는 소조상이 뭉개지더라도 살아남을 수 있지만, 다른 동일성—소조상—은 그렇지 못한 것일까?

# 퍼트넘의 쌍둥이 지구

(1973)

> 어떤 평행 지구에서 우리가 물이라고 부르는 것과 다른 화학식을 가진 무언가를 '물'이라고
> 부른다고 해 보자. 이 경우, 심지어 당신과 이러한 또 다른 지구에 있는 당신의 쌍둥이가
> '물'이라는 말을 할 때 정확히 동일한 것을 생각했다고 해도, 당신과 쌍둥이는 전적으로 다른
> 것을 의미한 것이다.

의미는 철학, 특히 언어철학과 심리철학에서 매우 중요한
주제다. 심리철학에서 의미는 본질적으로 의식 경험과 동일
한 것으로 간주된다. 생각, 경험, 의식의 가능한 모든 다른
형식은 본질적으로 무언가에 대한 것으로, 즉 지향성이라는
이름으로 알려진 속성으로 간주되었다. 우리가 누군가에게
"무엇"을 생각하고 있냐고 묻는 이유가 바로 여기에 있다.
생각이란 곧 의미이며, 무언가에 대한 것이기 때문이다. 언
어에서도 의미는 본질적이다. 언어는 통사론(문법 규칙)과 의
미론에 의해 규정되기 때문이다.

## 내포와 외연

이렇게 중요한 의미는 어디에 위치하는가? 의미론은 20세기 초중반에는 의미를 기본적으로 내적인 것과 동일시했다. 다시 말해, 의미는 마음 안에 포함된 것이자 마음에 의해 구성된 것이며, 의미가 마음 바깥의 세계에 의해 결정되지 않는다고 보았다. 또한 이 이론은 어떤 단어, 다시 말해 사물을 지시하는 말은 내포intension*와 외연extension**을 가진다고 말했다. 때문에, 만일 두 명사가 동일한 내포를 가졌다면 이들은 외연에서도 동일할 것이다(즉, 이들은 동일한 집합에 대해 참이다). 하지만 이 두 명사가 각기 다른 집합에 적용될 수 있다면, 이들은 서로 다른 내포(의미)를 가진다. 또한 당시의 의미론은 내포가 심적인 실체 또는 심성 상태라고 보았으며, 따라서 어떤 단어에 대해 심성 상태가 동일한 두 사람은 그 단어의 외연에서도 일치한다고 보았다. 결국 동일한 심성 상태를 가진 두 사람이 동일한 단어를 사용한다면, 이는 동일한 대상을 지시할 것이다.

미국 철학자 힐러리 퍼트넘은 심성 상태와 관련된 이런 결론이 참이 될 수 없고, 따라서 "의미에 대한 전통적인 개념은 거짓된 이론 위에 서 있다"고 주장했다. 그는 자신의

---

* 의미.
** 의미가 지시하는 지시체 또는 대상.

주장을 입증하기 위해 거대한 영향력을 가진 사고실험을 활용했다. 이 사고실험은 독자를 쌍둥이 지구라고 불리는 행성으로 초대한다. 이 행성은 거의 모든 면에서는 우리의 지구와 동일하지만, 언어 사용과 관련해서는 차이를 찾을 수 있다.

## 다른 액체

그런데 쌍둥이 지구의 한 가지 특징은, "여기서 '물'이라고 불리는 액체는 $H_2O$가 아니라 길고 복잡한 화학식으로 기술해야 하는 아주 다른 종류의 액체라는 점이다. 나는 이 화학식을 간단히 XYZ로 축약할 것이다. "XYZ는 물과 구분할 수 없다." 지구에서 온 방문객은 처음에는 "'물'은 지구와 쌍둥이 지구에서 동일한 의미를 가진다"고 볼 것이며, 쌍둥이 지구에서 지구에 온 방문객 또한 마찬가지일 것이다. 화학적으로 '물'이라고 불리는 물질의 조성을 분석해 보고 나서야, 이들은 '물'이라는 이름을 전혀 다른 물질에 붙이는 실수를 범했음을 발견하게 될 것이다.

이제 퍼트넘은 이렇게 제안한다. "이제 1750년으로 시간을 돌려보자. 아직 사람들은 물이 수소와 산소로 구성되어 있다는 사실을 잘 모르는 상황이다." 이 사례에서, 어떤 지구인과 이 사람의 상대역counterfactual* 쌍둥이 지구인은 '물'에 대해 서로 완전히 동일한 믿음을 공유한다. 이들의 심성 상태는 동일하며 이들의 내포가 의미했던 '심리적 실체' 또한 동일하다. "하지만 '물'이라는 명사의 외연은 1750년이든 1950년이든 $H_2O$였다"고 퍼트넘은 지적한다. "따라서 '물'이라는 명사의 외연은 (그리고 이 명사의 직관적인 전前분석적 용법에서의 '의미' 역시) 화자의 심리적 상태 그 자체에 의해 정해지는 함수가 아니다."

### 의미론적 외재주의

오히려 어떤 명사의 의미는 외적 세계의 함수다. 퍼트넘은 이렇게 결론내린다. "파이를 어떤 식으로 쪼개든, '의미'는 머릿속에 들어 있지 않다!" 이 이론은 의미론적 외재주의라는 이름으로 알려져 있다. 단어의 의미론적 내용, 그리고 개념이 나타내는 것을 외재화시켰기 때문이다.**

퍼트넘에게 의미론적 외재론은 과학철학과 실재의 개념 자체에 대해서도 중요한 함축을 담고 있다. 그는 '물'이라는

---

* 여기서는 심성 상태가 동일하지만 지상에서 가장 흔한 액체의 화학적 조성이 다르다는 의미에서 세계의 내용이 약간 다른 가능 세계의 사람이라는 의미로 쓰였다.
** 심성 상태와 독립적이라는 의미에서 그렇다.

단어가 아직 아무도 원소, 원자, 분자에 대해 알지 못하던 상황에서도 $H_2O$를 지시하는 말로 사용되었다는 점을 지적하며, 이에 따라 '금'은 사람들이 색깔이나 불용성과 같은 매우 다른 방식으로 규정한 경우에도 원자번호 79인 원소를 지시한다고 주장한다. 실제로 '금'은 퍼트넘의 말에 따르면 '동일한 자연종' 물질을 지시하며, 심지어 사람들이 진짜 금을 황철광(바보의 금)과 구분하지 못한다고 해도 이는 달라지지 않는다. 이들 사례처럼, 외재론에는 주관적인 탐구와 독립적인 객관적인 실재가 있다는 함축이 있다. 이런 귀결은 양자역학과 같은 영역, 다시 말해 (확률론적인 것과는 반대되는) 결정론적인 객관적 실재를 부정하는 영역에 대해 깊은 함의를 가진다("슈뢰딩거의 고양이" 부분, 87쪽을 살펴보라).

# 노직의 경험 기계

(1974)

완벽하게 받아들일 수 있는 가상의 삶을 당신에게 선사해 주는 기계를 생각해 보라. 당신은 방대한 경험과 멈추지 않는 쾌락을 빼고 아무 것도 누리지 않는다. 당신은 현실의 삶을 포기하고 이 기계에 접속할 것인가?

우리는 왜 살아야 하는가? 어떻게 하면 좋은 삶을 살 수 있는가? 고대인에 의해 제기된 한 가지 답변은 누구나 쾌락을 최대화해야만 한다는 쾌락주의 사조를 통해 확인할 수 있다. 18세기에 활동한 영국 철학자 제러미 벤담은 "쾌락, 오직 쾌락만이 선하다"는 준칙에 기반을 둔 철학인 공리주의를 발전시켰다. 공리주의자들의 철학적 쾌락주의에 따르면 어떤 경험이 행복에 기여하는지 결정짓는 요인은 그 쾌락성이다. 이러한 '쾌락주의적 계산'은 쾌락을 최대화하고 고통을 최소화해야 한다고 본 벤담에 의해 발전된 바 있다.

미국 철학자 로버트 노직은 쾌락 경험이 개인의 행복을 좌우하는 기본적인 요소라는 쾌락주의적 가정을 논박했다. 그는 행복이 순전히 주관적이고 개인적인 경험에 의존해야만 한다는 관점을 공격했으며 "우리의 삶이 머릿속에서 어떻게 느껴지는지 외에 대체 무엇이 중요한가?"라고 질문한다. 대체 무엇이 문제가 되는지 찾기 위해 노직은 "당신이 바라는 어떤 경험이든 선사할 수 있는" 경험 기계를 사용한 사고 실험을 제안한다. 그는 모든 것이 달성되는 가상 현실 생성 장치를 상상한다. 이 장치는 당신이 "걸작 소설을 쓰고 있다는, 친구를 사귀고 있다는, 흥미진진한 책을 읽고 있다는 생각과 느낌"을 선사해 준다. 하지만 현실에서 당신은 다만 통속에 잠겨 있을 뿐이다. 노직은 이렇게 묻는다. "이 기계에 평생 접속해 있을 겁니까?"

## 일종의 자살

노직의 지적처럼, 대부분의 사람들은 이 제안 앞에서 주저했고 기계에 들어가길 거부했다. 노직은 이런 결과에는 세 가지 이유가 있다고 보았다. 첫째, 사람들은 무언가를 실제로 하기를 원하지 다만 그것을 경험하는 것만을 원하지 않는다. 둘째, 사람들은 '특정한 방식으로…특정한 종류의 사람'이 되기를 원한다. 셋째, 사람들은 자신을 가상 현실에 국한시키고 싶어 하지 않는다. 진짜 현실에 더 큰 가치를 두기 때문이다. 노직은 이렇게 경고한다. "통 안에 잠겨 있는 사람은 그 무엇도 분명한 것이 없는 얼간이"다. "이 기계에 접속하는 것은 일종의 자살 행위다."

이 사고실험의 핵심은 단순히 많은 이들이 바보의 낙원보다는 현실의 삶을 선택할 것이라는 점이나 현실성이 사람들이 가치를 부여하는 중요한 요소라는 점을 보여 주는 데 있지 않다. 노직은 자신이 쾌락주의의 핵심 가정으로 받아들이는 입장, 다시 말해 사람들은 자신에게 최대의 쾌락을 주는 행동을 할 것이라는 주장을 논박하려 한다. 대부분의 사람들은 기계에 평생 접속해 있기보다 "쾌락적으로 열등한" 대안을 선택했기 때문에(현실의 삶은 경험 기계의 가상 쾌락주의보다 쾌락을 최대화시키지 못하기 때문에), 노직은 쾌락주의가 거짓이라고 주장한다. 쾌락은 행복의 궁극적인 기준이 아니다. 노직은 이렇게 결론을 내린다. "우리는 경험 기계를 상상해 보면서, 우리가 그것을 사용해서는 안 된다는 점을 깨달음으로써 경험 이상의 무언가가 있다는 점을 배운다."

### 욕망 이론

"복지쾌락주의", 다시 말해 쾌락적 경험을 행복의 규준이라고 보는 철학에 대한 노직의 공격은 대안 이론으로, 즉 욕망 이론으로 이어진다. 욕망 이론은 행복의 규준이 욕망의 충족에 있어야만 한다고 말한다. 경험 기계 안에서 욕망은 아직 충족되지 않은 채 남아 있다. 당신은 걸작 소설을 쓰는 것을 원할 수 있으며, 경험 기계는 당신에게 바로 그러한 경험을 전해 줄 수 있지만, 이 경험은 실제로 그런 소설을 쓰고 싶다는 당신의 욕망을 만족시키지 못한다. (이런 구분의 타당성은 외재론적 철학, 즉 의미를 마음 외부의 세계와 연결시키는 입장에 의해 지지된다. 243쪽 퍼트넘의 쌍둥이 지구를 보라.)

하지만 이러한 욕망 이론이 노직의 욕망 기계 논증 속에 있는 치명적인 결함을 보여 준다고 보는 사람도 있다. 그의 사고실험은 욕망 이론이 옳다고 보아야만, 사람들이 자신의 행복에 기여하는 사태를 실제로 욕망할 경우에만 복지쾌락주의를 논박할 수 있다. 미국의 철학자 해리엇 바버는 이러한 가정을 선호주의*라고 부르며, 경험 기계 논증은 선결 문제 미해결 오류라고 주장한다. 이 논증은 선호주의를 옳다고 보아야만 작동하지만, 바로 그것이 증명해야 할 대상이다. "선호주의자는 사고실험 이상의 것을 제안할 수 없다. 그들이 선호주의를 이미 전제하고 있기 때문이다. 이 이론은 사고실험의 결과를 빼면 다른 어디서도 지지를 얻을 수는 없다."

---

* 김희봉, "선호주의적 잘삶과 본래성 교육", 《교육철학연구》 제33권 2호, 2011, 31~52쪽에서 확인한 용례.

# 순간 이동 장치에 의한 복제 역설

(1984)

빌이 지구에서 순간 이동 장치로 들어가 화성에 갔다고 해 보자. 대부분의 사람들이 화성의 빌이 지구의 빌과 자기 동일성 면에서 연속적이라는 데 동의할 것이다. 하지만 이 순간 이동 장치가 빌을 복제한다면 어떻게 될까?

"무엇이 자기 정체성의 지속을 결정하느냐"는 문제는 테세우스의 배와 그 이후에 시기에 걸쳐 계속해서 지속된 문제였다(236쪽을 보라). 라이프니츠는 다음과 같은 법칙을 제안했다. A와 B는 그 모든 속성이 동일한 경우, 오직 그 경우에만 동일하다.* 하지만 헤라클레이토스가 행한 강 사고실험 이래, 영속성이란 불가능하며 변화를 피할 수 없다는 점 역시 분명하게 알려져 있다. 어제 살고 있던 어떤 사람, 내일 살게 될 그 사람은 동일하지 않다. 하지만 이 사람은 여전히 동일한 인격으로 취급된다.

---

* 라이프니츠의 원리, 또는 '구별불가능자 동일성의 원리.' 다만 이 원리는 논의의 여지없이 받아들일 수 있는 것은 아니다.

이 질문에 답변하는 한 가지 방법은 우리의 직관에 따라 보는 것이다. 라이프니츠는 이를 위해 중국 황제에 대한 사고 실험을 제안했다.

어떤 사람이 갑작스럽게 중국 황제가 되었다고 해 보자. 그런데 이 사람은 과거에 자신이 처해 있던 상황에 대해서는, 마치 새롭게 태어난 것처럼 완전히 잊어버렸다. 본래 있던 사람이 소멸하고, 그 순간 그 장소에 중국의 황제가 나타난 것처럼 생각하는 게 좋을까? 다시 말해, 양측은 실제로 동일하지 않고 단지 그렇게 기록되었을 뿐인가?

직관적으로 볼 때, 우리는 여기에 "그렇다"고 답할 것이다. 만일 누군가가 기억이나 다른 유형의 개인적인 심적 연속성을 가지고 있지 않다면, 이 사람의 신체가 동일하다고 하더라도 이 사람은 새로운 인격으로 간주될 것이다. 마찬가지로, 당신이 몸은 파괴되었지만 때맞춰 당신의 마음을 어떤 로봇 장치로 이식했고 이에 따라 이 로봇이 당신의 기억과 인격을 가진 안드로이드가 되었다면, 다른 사람들은 직관적으로 당신이 "여전히" 당신이며 단순히 안드로이드의 모습을 하게 되었다고 생각할 것이다.

### 기억을 잊은 장교

하지만 대체 이러한 심적 연속성은 무엇으로 구성되는가? 이 연속성은 기억의 연속성에 의존하는가? 이런 주장에 대해 18세기 영국의 철학자 토머스 리드는 이렇게 반박했다.

여기 용감한 장교가 한 명 있다. 그는 학창 시절에 과수원에서 서리를 했다는 이유로 채찍질을 당했으며, 첫 전투에서는 적으로부터 자기 부대의 군기를 지켰고, 나이가 들어서는 장군이 되었다. 그런데 이 장교는 군기를 지키던 때에는 학창 시절에 채찍질을 당했던 사실을 기억하고 있었으며 장군이 되었을 때는 군기를 지켰던 일을 기억하고 있었으나, 채찍질을 당했던 사실에 대해서는 완전히 잊어버렸다.

이 사례에서 장교는 학창 시절의 기억과 단절되어 있다. 그러나 우리는 양측이 같은 인격임을 부인하지 않는다.

1775년 리드는 한 서신에서 심적 연속성과 관련된 동일성 이론을 강화하기 위해 또 다른 사고실험을 제시한다. 이 사고실험은 시대를 앞서 나간 내용이라 평가할 수 있다.

각하의 고견을 들을 수 있게 되어 대단히 기쁩니다. 제 두뇌가 본래의 구조를 잃어버렸지만, 수백 년이 지나 과거에 제 두뇌를 이뤘던 물질이 조직화되어 흥미롭게도 지적인 존재가 되었다고 생각해 봅시다. 저는 이 존재가 곧바로 저와 같은 것일지, 아니면 제 두뇌로부터 형성된 또 다른 존재일지 묻고 싶습니다. 다시 말해, 이렇게 만들어진 두뇌가 곧 바로 저이고, 그에 따라 하나이며 동일한 지적 존재인지 말입니다.

## 파핏의 원격 순간 이동 장치

여기서 리드는 심적 연속성 이론이 함축하는 역설, 즉 복제의 역설을 지적하고 있다. 만일 둘 또는 그 이상의 개인들이 과거의 개인과 동일한 심적 연속성을 가지도록 만들어질 수 있다면, 이들에 대해서도 동일한 자기 정체성이 지속한다고 말할 수 있을까? 1984년에 나온 책『이성과 인격Reasons and Persons』에서, 영국의 철학자 데렉 파핏은 이 사고실험을 좀 더 새롭게 만들었으며 더 잘 알려져 있는 형태로 발표했다. 여기서 중요한 장치는 그가 순간 이동 장치라고 부르는 원격 이동 장비다.

그는 이런 시나리오를 제시한다. 파핏을 지구에서 화성으로 순간 이동시킬 수 있는 장비가 있다고 해 보자. 이 장비는 그의 두뇌와 몸을 파괴하면서 "내 모든 세포의 정확한 상태"를 기록하는 스캐너를 장착하고 있고, 이 정보를 화성의 복제기에 보낸다. 복제기는 그를 주변 재료들의 원자로부터 재조합할 수 있다. 이렇게 생겨난 화성인의 몸은 방금 파괴된 지구에서의 몸과 동일하며 이에 따라 기억, 성격, 의식 면에서도 완전히 동일하다. "나는 잠시 의식을 잃을 것이며, 얼마 뒤 잠에서 일어나게 된다. 실제로 나는 대략 한 시간 정도 의식이 없는 상태로 있었다."

파릿의 이야기 속 자아는 아내가 조금 성가신 말을 했어도 전혀 불안해하지 않았다. "내 아내가 상기시켜 주었듯, 그녀는 순간이동을 자주 경험했으며, 그녀에게 해로운 일은 아무 것도 없었다." 그는 불안감을 느껴야 했을까? 화성인 파릿은 자신이 의식적 연속성을 경험하고 있으며 따라서 자신이 지구인 파릿과 동일하다고 생각하게 될 것이다. 하지만 그는 실제로는 완전히 새로운 존재다. 모든 사람들은 그에게 의식적 연속성을 부여할 것이다. 파릿이 자신의 부인에게 했던 것도 바로 그런 일이었다. 하지만 이것이 지금은 원자 단위로 분해되어 버린 지구의 파릿에게는 좋은 일이었을까? 물론, 대부분의 사람들은 화성의 파릿과 지구의 파릿이 동일한 인격이라는 사실을 직관적으로 받아들일 것이다.

## 무엇이 살아남을까

이 사고실험을 조금 변형하면, 복제의 역설이 일어나게 된다. 순간 이동 장치에 한 가지 업그레이드가 이뤄졌다. 이 장치는 더 이상 지구의 사용자를 파괴하지 않는다. 이 장치는 이제 사용자를 복제한다. 하지만 화성의 파릿이 가진 지위는 앞선 시나리오와 동일하다. 다시 말해, 우리는 그를 파릿과 동일한 인물로 간주할 것이다. 그렇다면 이제 우리는 지구의 파릿과 화성의 파릿이 모두 파릿이라는 역설적 결론을 받아들일 수밖에 없게 된다. 파릿은 이렇게 주장한다. 중요한 것은, 인격적 동일성이 시간을 뚫고 지속하는지 여부가 아니라, (심적, 신체적) 속성들이 살아남는다는 사실이다.

복제 역설에 대한 한 가지 답변은 이런 식이다. 자아 동일성에 대해서는 신체 지속 이론을, 다시 말해 자기 동일성을 어떤 인격의 물리적 신체와 연결시키는 이론을 받아들이는 것이다. 하지만 이러한 입장은 곧 테세우스의 배와 유사한 구도의 문제에 빠지게 된다. 당신의 두뇌가 새로운 몸에 이식되었을 때 상황은 어떻게 되는가? 자기 동일성이 지속된다고 보기 위해, 당신 몸 가운데 얼마만큼이 유지될 필요가 있는가? 이러한 연쇄 질문에 대응하는 한 가지 해결책이 있다. 테세우스의 배에 적용했던 해결책처럼 인격적 동일성을 4차원적 속성으로 간주하는 것이다. 다시 말해, 이 속성을 공간적으로뿐 아니라 시간적으로도 연장될 수 있는 것으로 간주하는 방법이 한 가지 해결책이다. 하지만 이러한 방법에 따르면, 순간 원격 이동을 할 때 인격의 자아 동일성이 살아남는다고 볼 수 없게 된다. 순간 원격 이동은 한 사람이 시공간적으로 불연속적이게 만들기 때문이다(지구에서 화성으로 정보가 전송되는 최소 3분*의 시간 동안, 우주 어디에도 파핏은 존재하지 않게 된다).

---

* 화성이 지구와 가장 가깝게 위치할 때 두 천체의 거리는 약 .4AU 수준이며, 이는 빛으로 약 3.3분이 걸리는 거리다. 가장 멀리 있을 때 두 천체의 거리는 2.7AU 수준으로, 이 거리만큼 빛이 진행하려면 22분 이상의 시간이 필요하다.

# 추가 참고 도서 목록

Part I. 자연 세계

Darwin, Charles (Ed. Bynum, William); On the Origin of Species; Penguin Classics, 2009. 김관선 옮김, 종의 기원, 한길사, 2014.

Dennett, Daniel; Darwin's Dangerous Idea; Simon & Schuster, 1995

Gribbins, John; In Search of Schrödinger's Cat; Black Swan, 1985

Hannam, James; God's Philosophers: How the Medieval World Laid the Foundations of Modern Science; Icon Books, 2009

Levy, Joel; A Curious History of Mathematics: The (BIG) Ideas from Early Number Concepts to Chaos Theory; Andre Deutsch, 2013. 오혜정 옮김, 빅 퀘스천 수학, 지브레인, 작은책방, 2016.

Levy, Joel; A Bee in a Cathedral and 99 Other Scientific Analogies; A&C Black, 2012

Levy, Joel; Newton's Notebook: The Life, Times and Discoveries of Sir Isaac Newton; The History Press, 2009. 정기영·김혁·이은주 옮김, 뉴턴의 비밀노트, 씨실과날실, 2012.

Schucking, Engelbert L. & Surowitz, Eugene J.; Einstein's Apple; World Scientific, 2015

Sorensen, Roy; A Brief History of the Paradox: Philosophy and the Labyrinths of the Mind; OUP, 2005

Topper, David; How Einstein Created Relativity Out of Physics and Astronomy; Springer, 2013

Westfall, Richard; Never at Rest: A Biography of Isaac Newton; CUP, 1983. 김한영·김희봉 옮김(전4권), 아이작 뉴턴, 알마, 2016.

MacTutor History of Mathematics: turnbull.mcs.st-and.ac.uk/history

The Galileo Project: galileo.rice.edu

The Skeptic's Dictionary: skepdic.com

The Information Philosopher: informationphilosopher.com

Smoot group cosmology: aether.lbl.gov/www/classes/p139/exp/gedanken.html

Gravity Probe B: 'Testing Einstein's Universe': einstein.stanford.edu

The Interactive Schrödinger's Cat: www.phobe.com/s_cat/s_cat.html

Norton, John D; 'The Simplest Exorcism of Maxwell's Demon': www.pitt.edu/~jdnorton/Goodies/exorcism_phase_vol/exorcism_phase_vol.html

## Part II. 마음은 어떻게 작동하는가

Bayne, Tim (Ed); Oxford Companion to Consciousness; OUP, 2009

Chalmers, David; The Conscious Mind; OUP, 1996

Dennett, Daniel; Darwin's Dangerous Idea; Simon & Schuster, 1995

Floyd, Richard; 'The Private Language Argument'; Philosophy Now; 58, Nov/Dec 2006

Jackson, Frank; 'Epiphenomenal Qualia'; Philosophical Quarterly; 32: 127, 1982

Jacomuzzi, Alessandra C., Kobau, Pietro, & Bruno, Nicola; 'Molyneux's question redux'; Phenomenology and the Cognitive Sciences; 2: 255–280, 2003

Kirk, Robert; Zombies and Consciousness; OUP, 2008

Lodge, Paul & Bobro, Marc; 'Stepping Back Inside Leibniz's Mill'; The Monist; 81:4, 1998

McGinn, Marie; The Routledge Guidebook to Wittgenstein's Philosophical Investigations; Routledge, 2013

Nadel, L; Encyclopaedia of Cognitive Science; Wiley, 2002

Nagel, Thomas; 'What Is It Like To Be A Bat?'; Philosophical Review; 4, 1974

Rescher, Nicholas; What If? Thought Experimentation in Philosophy; Transaction Publishers, 2005

Ryle, Gilbert; The Concept of Mind; Penguin, 1949. 이한우 옮김, 마음의 개념, 문예출판사, 1994.

Stewart, Duncan; 'Leibniz's Mill Arguments Against Materialism'; Philosophical Quarterly; 62: 247, 2012

Stanford Encyclopedia of Philosophy: plato.stanford.edu

The Society for the Study of Artificial Intelligence and Simulated Behaviour: www.aisb.org.uk

## Part III. 어떻게 더 나은 삶을 살 수 있는가

Alexander, Larry & Kessler Ferzan, Kimberly; 'Danger: The Ethics of Preemptive Action'; Ohio State Journal of Criminal Law; 9:637, 2012

Baggini, Julian; The Pig That Wants to be Eaten and 99 Other Thought Experiments; Granta, 2010. 정지인 옮김, 유쾌한 딜레마 여행, 한겨레, 2011.

Bayne, Tim & Levy, Neil; 'Amputees by Choice: Body Integrity Identity Disorder and the Ethics of Amputation'; Journal of Applied Philosophy; 22:1, 2005

Clark, Michael; Paradoxes from A to Z; Routledge, 2002

Elliot, Carl; 'A New Way to be Mad'; The Atlantic; December 2000

Foot, Philippa; 'The Problem of Abortion and the Doctrine of the Double Effect'; Oxford Review; No.5, 1967

Hardin, Garrett; 'Lifeboat Ethics'; Psychology Today; September 1974

Hauskeller, Michael; 'Why Buridan's Ass Doesn't Starve'; Philosophy Now; 81, Oct/Nov 2010

Levy, Joel; A Curious History of Mathematics: The (BIG) Ideas from Early Number Concepts to Chaos Theory; Andre Deutsch, 2013

Locke, John (Ed. Woolhouse, Roger); An Essay Concerning Human Understanding; Penguin Classics, 1997. 정병훈·이재영·양선숙 옮김, 인간지성론(전2권), 한길사, 2014.

Lowe, E. J.; Locke; Routledge, 2012

O'Neill, Onora; 'Lifeboat Earth'; Philosophy and Public Affairs; Vol. 4, No. 3, Spring 1975

Poundstone, William; Prisoner's Dilemma: John Von Neumann, Game Theory and the Puzzle of the Bomb; Anchor, 1993

Rawls, John; A Theory of Justice; Belknap Press, 1971. 황경식 옮김, 정의론, 이학사, 2003.

Smith, Simon; 'A matter of consent'; Philosophy Now; Issue 94, Jan/Feb 2013

Thomson, Judith Jarvis; 'A Defense of Abortion'; Philosophy & Public Affairs; Vol. 1, No. 1, Fall 1971

Thomson, Judith Jarvis; 'The Trolley Problem'; Yale Law Journal; Vol. 94, No. 6, May, 1985

Weber, Cynthia; 'Securitising the Unconscious: The Bush Doctrine of Preemption and Minority Report; Geopolitics; 10:3, 2005

Rosen, Gideon; 'Pascal's Wager': www.princeton.edu/~grosen/puc/phi203/Pascal.html

Stanford Encyclopedia of Philosophy: plato.stanford.edu

## Part IV. 우리는 무엇을 알 수 있는가

Chow, Timothy Y.; 'The Surprise Examination or Unexpected Hanging Paradox'; The American Mathematical Monthly; 105, 1998

Clark, Michael; Paradoxes from A to Z; Routledge, 2002

Descartes, Rene (trans: Clarke, Desmond M.); Meditations and Other Metaphysical Writings; Penguin Classics, 1998. 이현복 옮김, 성찰·자

연의 빛에 의한 진리탐구·프로그램에 대한 주석, 문예출판사, 1997.

Irwin, William (Ed); The 'Matrix' and Philosophy: Welcome to the Desert of the Real; Open Court Publishing Company, 2002

Nozick, Robert; 'Newcomb's problem and two principles of choice'; in Rescher, Nicholas (Ed.); Essays in Honor of Carl G. Hempel; Reidel, 1969

Putnam, Hilary; Reason, Truth and History; CUP, 1981. 김효명 옮김, 이성·진리·역사, 민음사, 2002.

Stevenson, Robert Louis; Island Nights' Entertainment; CSP Classic Texts, 2008

Plato; The Republic; Book VII, Internet Classics Archive: http://classics.mit.edu/Plato/republic.8.vii.html)

Stanford Encyclopedia of Philosophy: plato.stanford.edu

## Part V. 무엇이 우리를 우리로 존재하게 하는가

Baber, Harriet; 'The Experience Machine Deconstructed'; Philosophy in the Contemporary World; 15:1, Spring 2008

Bayne, Tim (Ed.); Oxford Companion to Consciousness; OUP, 2009

Clark, Michael; Paradoxes from A to Z; Routledge, 2002

Nahin, Paul J.; Time Machines: Time Travel in Physics, Metaphysics, and Science Fiction; Springer, 1998

Nozick, Robert; Anarchy, State and Utopia; Basic Books, 1974. 남경희 옮김, 아나키에서 유토피아로: 자유주의국가의 철학적 기초, 문학과지성사, 2010.

Parfit, Derek; Reasons and Persons; Clarendon, 1984

Putnam, Hilary; 'Meaning and Reference'; The Journal of Philosophy; 70:19, 1973

Sainsbury, R. M.; Paradoxes; CUP, 1995

Internet Encyclopedia of Philosophy: iep.utm.edu

Skow, Bradford; 'Notes on the Grandfather Paradox': web.mit.edu/bskow/www/research/grandfather.pdf

Time Travel Philosophy: timetravelphilosophy.net

University of Washington, History of Ancient Philosophy: faculty.washington.edu/smcohen/320/index.html

# 찾아보기